反脆弱

内心强大者的高情商法则

13 THINGS MENTALLY STRONG PEOPLE DON'T DO

Amy Morin

【美】埃米·莫林 / 著

张其帷 / 译

中国法制出版社
CHINA LEGAL PUBLISHING HOUSE

献给所有努力变得比昨天更好的人

引　言

在我 23 岁那年，我的母亲因脑瘤而突然去世。她是一个热爱生活，健康、勤劳和充满活力的人，直到生命的最后一刻。事实上，在她离世前的那个晚上，我见到了她。那天晚上，我们还一同观看了一场高中篮球联赛。她和往常一样，大声笑着，品评着，享受着观赛时刻。然而，就在 24 小时后，她突然就走了。母亲的离世对我打击很大，我不敢想象没有了她的教导、鼓励和爱，今后的日子该如何继续。

那时，我在一家社区精神康复中心做心理医生。我默默地休息了几周时间，来熬过悲伤时刻。我明白，如果不能调整好自己的情绪，就无法担负起帮助别人的责任。适应没有母亲的日子是一个漫长的过程，这不是一件容易的事，我拼了命工作，试图重新振作起来。缘于心理医生所受的训练，我明白时间本身并不能治愈一切。如何看待和度过那个特殊的时期，才是决定我何时能走出悲伤的关键。我深深懂得，悲伤是必须经历的过程，而正是这个过程能够最终缓解我的痛苦。因此，我让自己体会对母亲离世的悲痛，发泄对这个事实的愤怒，并完全接受母亲去世带给我的失落感。我不仅非常想念她，还得接受残酷的现实：她永远也不会再和我一起参加重要的活动，也失去了实现她所期待的事情的机会——退休或做一个祖母。在朋友和家人的帮助下，在信仰上帝带给我的信心下，我找到了一丝平和。时光匆匆，当我回忆母亲的时候，不会再因为她的离去而备受折磨，而是学会了笑着去思念她。

几年之后，为纪念母亲离世三周年，我和我的丈夫林肯在一个周末讨论怎么样才能更好地纪念她。正巧我们在周六被邀请去观看了一场篮球赛，而比赛所在的场地就是我们最后见到母亲的地方。

我们确信，这个篮球场将会是纪念母亲最好的地方。毕竟，我对母亲在那一夜的记忆是非常美好的。我们一起大笑，一起谈论各种各样有趣的事，度过了一个愉悦的夜晚。母亲甚至预测了我妹妹会和那时候的男友结婚，而多年后这个预言成真了。

因此，我和林肯还有一些朋友在篮球场欢聚，度过了一个非常开心的周六。我们清楚，这会是母亲的在天之灵想看到的。回到最后见到母亲的地方而不感到悲伤是一件多么幸福的事情。在我刚刚对母亲的离去缓了一口气时，我的整个人生又发生了翻天覆地的变化，情况急转直下。

观看完篮球赛回到家中，林肯抱怨他的背部很痛。在几年前发生的一起车祸中，他的脊椎受伤了，所以背疼对于他来说是一件平常事。仅仅几分钟之后，他突然倒下。我立刻寻求护理人员的帮助，几分钟后他们就带着林肯进了急救室。我把消息告诉了他的母亲，他的家人立刻赶来并等候在急救室外。我真的不知道当晚到底发生了什么，他会变成这样。

几分钟后，站在急救室门口的我们被叫到了一个私人病房。在医生开口之前，我就知道他要说的是什么了。林肯去世了，是因为突发心脏病。

于是，在纪念母亲离去三周年的周末，我发现自己成了一个寡妇。这简直毫无道理可言。林肯只有 26 岁，而他从来没有过心脏病史，怎么会在刚刚送到医院的一分钟后就彻底离开了人世？我还在适应没有母亲的生活，而现在我得适应既没有母亲也没有他的生活。我真的不知道该如何迈过这个坎儿。

人生伴侣的离去对我来说是不真实的。有太多的事情要处理，而我心乱如麻，决定不了任何事情。几个小时后，我不得不开始决定如何操办他的葬礼，思考葬礼上的致辞。我没有一丝喘息的机会去把这个结局沉淀，相反，葬礼的操办让我完全崩溃了。

我很庆幸有很多出现在我生命里并愿意帮助我的人。穿越悲痛的旅途是个人的修行，但挚爱的朋友和家人显然能够帮助你。在那段时间里，有时我会觉得自己的状态能变得好一些，有时我又会感觉自己越来越糟糕。每当我觉得自己的情绪可以变得稳定一些的时候，情况便立刻会翻转到另一边，我仿佛可以看到潮涌般的悲痛在对我虎视眈眈。极度的悲伤是一种在情绪上、心理上和生理上的无限折磨。

有太多使我感到悲痛的事。我为林肯的家人失去他们挚爱的亲人而感到悲痛，我为林肯再也不能体会到人间的快乐而悲痛，我为我们两个再也不能一起经历生活的点滴而悲痛，更不用提我有多么想念他了。

对于工作，我能逃避就选择逃避。这几个月我是浑浑噩噩度过的，我好像一直在专心于一件事，迈出左脚，然后再迈出右脚，如同行尸走肉一般。但我也明白我不可能永远逃避，毕竟家里只有我一个人有收入，我不得不重回工作岗位。

几个月后，我的主管打电话问我有没有计划重归正常的工作状态。我告知我的客户们，由于家庭紧急事件，我会无限期暂停办公。他们没有任何关于我复出的时间表，因为那时我也不知道亲人们的离世会让我朝着什么样的方向发展。但是现在，他们需要答案了。显然我还没有从悲痛中迈出哪怕一小步，我也没有变得哪怕有一点点好起来，但我不得不重回工作岗位了。

和我刚失去母亲的时候一样，我得直面现实带给我的剧痛，其中并不存在忽视它或遗忘它的选项。我又得开始经历这种痛苦，去积极主动地接受它，从而获得治愈。我不能让自己沉溺在悲伤的海洋中。我明白顾影自怜或自暴自弃能够缓解这种悲痛，但我也知晓这都不是健康、正确的选择。我需要保持清醒去对我今后漫长的人生负责，对开启什么样的新生活做出抉择。

我需要从和林肯一起设定的共同目标中挑选出哪些可以成为属于我的目标。我们这几年一直在照顾孤儿，并且决定领养一个孩子。但是现在，作为一个单身女人，我是不是仍旧应该去领养一个孩子呢？在接下来的几年里，我会坚持照顾孤儿，为他们提供应急的帮助和暂时的庇护。但我还是不能确定作为一个单身的女人，我是不是真心想要领养一个孩子。

我还需要为形单影只的自己设立一个新的目标。我决定去冒险，挑战自己从未做过的事。我考取了摩托车驾照，并拥有了一辆摩托车。正是在那个时候，我开始了写作生涯。一开始，它仅仅是我的一个业余爱好，而最终它成了我的一项工作。我开始重新审视自己和旁人的关系，林肯的哪些朋友会继续维持和我的友谊，林肯的家人会如何处理我和他们之间的关系。幸运的是，林肯的大部分好友愿意继续与我保持友谊，而他的家人也依然把我当作家庭中的一员。

四年后，我非常幸运地寻觅到了新的爱情，或许我应该这样讲：是爱神再次眷顾了我。我早已习惯独身生活，但当我遇到斯蒂芬的时候，所有的事情都变了。我们相识相知很多年，关系慢慢由友情转化为了爱情。最终，我们开始一起规划着未来。虽然我从未想过我能再婚，但和斯蒂芬在一起似乎是一个正确的选择。

我并不想要一个正式的婚礼，或是拥有和初婚类似的婚礼。虽然我知道我邀请的客人们看到我再婚会很开心，但我也清楚这对于怀念林肯的人来说是一颗催泪弹。我并不希望我们的婚礼现场成为一个悲伤的地方，所以我和斯蒂芬决定举办一场非传统意义上的婚礼。我们“私奔”到了拉斯维加斯，那里成了我们的极乐之地，我们被幸福和爱紧紧包裹着。

结婚一年后，我们决定卖掉我曾经和林肯居住过的房子，搬到了离那套房子几小时车程的地方。这里离我的妹妹和外甥们近了很多，这是一个重新开启新生活的好机会。我找到了一份和心理治疗相关的工作，我和他也一起规划着幸福的余生。正当生活看似好起来的时候，我们的幸福之路又开始在脚下碎裂——斯蒂芬的父亲被诊断出了癌症。

原本医生预测他们的治疗方案能够在几年内控制住癌细胞，而仅仅几个月过去，我们就被告知他也许只能再坚持一年了。医生采用了各种治疗方案，但没有一样是奏效的。随着时间的推移，医生只能眼睁睁地看着治疗效果不断减弱。大约七个月后，再也没有可行的治疗方案可以治疗斯蒂芬的父亲了。

这个消息就像无数块砖头砸在了我的头上。斯蒂芬的父亲罗布是一个满怀激情与正能量的人。他是那种在小孩路过时会悄悄在他们耳后放硬币逗乐的人，也是那种能讲出让我乐得前仰后合的笑话的人。虽然他远在明尼苏达州，而我们住在缅因州，我们也会经常见面。从他退休后，他经常可以来我家里住上几个星期。我经常开玩笑地说他是最受欢迎的客人，因为他是我们家唯一的客人。

罗布也是我的忠实读者之一，他会阅读我写的每篇作品，不论是亲子题材还是心理学类手稿，基本每次他都会提出他的见解和建议。

虽然罗布当时已经 72 岁，我仍然觉得生病对他来说是那么遥不可及的事。就在前一年的夏季，他还驾驶着摩托车穿越了整个国家，驾船在苏必利尔湖航行了一周，开着敞篷小跑游历了美国。但他现在生了太重的病，医生们确信，他的情况只可能变得越来越糟。

这一次，我对亲人的“离去”有着不同的感受。母亲和林肯的离去是无法预料和突如其来的。但这一次，我提前得到了警告。我知道将要发生的是什么，这让我感到非常害怕。

我意识到自己在想，这种事情又被我碰上了。我不想再经历那种至亲离世的痛不欲生，事情本不应该如此。我认识很多从没有失去过任何至亲的同龄人，为什么只有我会失去这么多我爱的人？我坐在桌子旁边思考着上天为何待我如此不公，以后的人生之路又将如何坎坷，我非常希望事情可以有所转折。

可是我不能让自己走上老路，毕竟那些事情太过痛苦，我好不容易才可以和这些伤痛和平共处。如果我认为自己的处境比所有人都糟糕，或是认为自己再也不能承受哪怕一次亲人离去带来的痛苦，我会把自己置身于自己挖掘的陷阱之中，而这对我一点帮助也没有。

正是在那个时刻，我静静地坐在椅子前面，专注地列出“13 件内心强大的人不会做的事”。这些事正是来自我挣扎着走出这一切痛苦的过程中总结出的宝贵经验，也是阻碍我从悲痛中走出来的始作俑者，我不能对它们心存一丝怜悯。

毫不令人惊讶的是，这些事也是我给前来我的诊室寻求帮助的人们的建议。把它们写下来是为了让我的情绪调节继续保持在正轨上，它们是我的警示牌，提醒我，我可以选择做一个心态上的强者。而现在，我正需要变得强大起来，因为在我写完这些建议的几个星期之后，罗布去世了。

心理医生的职责是帮助他人构筑强大的内心，提高心理承受能力，对应该如何做，具体做什么提供必要的建议。然而，当我用心创造这张关于强大内心的列表时，我决定先偏离一下喜欢提建议的职业习惯。我发现并不是“做什么”，而是“不做什么”使得一切都与众不同。好习惯固然重要，但常常是坏习惯阻碍了我们发挥自己全部的潜能。即使你拥有了世界上所有的好习惯，但是只要你有一些坏习惯，你就会发现你将很难实现自己的目标。换句话说：你能做多好取决于你最坏的习惯。

坏习惯就像沉重的拖油瓶拴在你身后，你不得不整天拖着它跑。它会降低你行动的速度，使你精疲力竭，而备感沮丧。不论你怎样努力工作或是拥有过人的天赋，当你被这些想法、行为和情绪拖累时，你会发现实现自我的目标将变得异常艰难。

请你想象一个常常去健身房锻炼的人。他几乎每天都要刻苦训练两个小时。他会小心记录每一次的练习，这样就可以知道自己每天进步了多少。而在六个月后，他并没有感觉到自己的身体产生了变化。对于没有减肥和增肌成功，他备感沮丧。他告诉朋友和家人，他没有取得一点点进步，这毫无道理，毕竟他几乎从未缺席过一天的训练。

但他的健康等式遗漏了这样一个事实：在每天训练后，他都会开心地在回家的路上买一些食物奖励自己。每次训练后，他都会感到饥饿，他对自己说："我那么努力地锻炼，我值得吃一些好吃的！"所以每一天，他在回家的路上都会享用一打多纳圈。

是不是听起来很疯狂？但是我们每个人都有过类似这样的行为。我们拼命努力去做提升自己的事情，但我们总是忘记自己应该摒弃那些可能毁掉我们的习惯。

远离这 13 个习惯并不仅仅是为了帮助你走出悲痛，它会帮助你成为心理上的强者，这是处理生活中大大小小麻烦的重中之重。不论你的目标是什么，当内心变得强大时，你就能够大幅开发自己的潜能，并获得更好的实现目标的机会。

什么是强大的内心

人的内心并非要么"强大"，要么"脆弱"。我们都在一定意义上拥有着内心的力量，但这种力量永远都存在提升的空间。而锤炼出强大内心的意义就在于提升你的情绪管理能力，时刻保持清晰的思维，积极主动地处理问题，摒除周围环境带来的干扰。

就像有的人通过锻炼提高身体素质的速度天生就比另一部分人快，有些人在心理的锤炼中也有一些"天生"的优势，下面是几个影响因素。

· **基因**。基因影响了你是否会产生一些心理问题，如情绪失控。

· **性格**。有些人的性格特质能够帮助他们在面对问题时更积极，更实际。

· **经验**。人生阅历影响了你如何定义人生和对于世界的看法。

显然，你并不能改变以上任何一个因素。你不可能抹去自己对不幸童年的记忆。如果你在基因上天生比别人更容易患注意缺陷多动障碍（ADHD），那你也没有办法。但这些并不意味着你会丧失让自己变得内心强大的能力。每个人都可以通过用心学习和使用这本书让内心强大起来。

内心强大的基础

我们来想象一下，有一个人对社交感到异常恐惧和紧张。为了把自己的社交焦虑最小化，他会有意避免和同事们有过多接触。他与同事的谈话越少，同事就越不主动与其攀谈。他走过楼道，进到休息室前穿过了聚集的人群，却没有一个人与他攀谈，他想：我一定是社交低能者。可越是觉得自己社交低能，他越是不敢和同事主动攀谈。随着他对社交的焦虑程度不断加深，逃避与同事接触的想法也越来越强烈。这就陷入了恶性循环。

为了理解内心的力量，你首先要理解你的想法、行为和情绪是如何相互作用的。在上述例子中，这三者的共同影响产生了一个消极且不良的行为指导。这就是为什么培养一个强大的内心需要从以下三方面入手。

· **想法**。辨识出自己的哪些想法是不现实的，并用现实的想法取而代之。

· **行为**。在任何情况下都要保持乐观积极的态度。

· **情绪**。控制自己的情绪就不会让情绪控制你。

我们经常听到："你要乐观积极地思考问题。"但乐观本身并不足以让你开发全部潜能。

冷静、理智地选择行为

蛇类对我而言是极其恐怖的存在，但我对蛇的恐惧是很不理性的。我住在缅因州，户外并不存在有毒的蛇。我也不是经常能够见到蛇，但一旦遇到它，我的心脏就像快要从喉咙里跳出来似的，本能地想以迅雷不及掩耳的速度逃跑。可每当我要逃跑时，我能够用仅剩的理智去平衡我的崩溃情绪，我会告诉自己，没有任何一种理性思维支持我逃之夭夭。当理智占据我的头脑时，只要这条蛇趴在安全距离之外，我便可以轻轻走过而不是撒腿就跑。尽管我仍然不会考虑把它拎起来或是养为宠物，但我能够在见到它的时候保持内心的平静，并没有让非理性的恐惧控制我的大脑，左右我的行为。

在面临重大的人生抉择时，用理智来控制我们的情绪化行为能够让我们做出最优的选择。你在感到十分愤怒时应该停下来思考一分钟，考虑你应当做出什么样的行为。你很有可能会后悔冲动时的所作所为，因为当时你的行为是基于你的情绪而非理智。但你要注意的是，如果你的每一步行为都是理智的，同样不会让你做出最优选择。我们是人类而非机器人，我们的情绪和我们的想法需要共同作用来决定行为。

很多来到我诊室的人都会质疑他们自身有控制想法、情绪和行为的能力。他们会说："我没法控制自己对于事物和人的感受。"也有人说："我没有办法摆脱内心中波涛汹涌的负面情绪。"还有人说："在我想要完成一个任务的时候，我就是没办法让自己变得有动力。"但是当你的内心变得强大起来的时候，这一切都会变成可能。

内心强大的真相

对于什么是“内心强大”，人们存在着太多的误解。以下是一些关于内心强大的真相。

· **内心强大的人通常不会表现得很强势**。当拥有强大的内心时，你不会逼着自己成为无坚不摧的机器人，或是外表看起来很强悍。相反，你的行为会完全依据你个人的价值观。

· **强大的内心并不意味着忽略你的情绪**。锤炼内心也不在于压制你的情绪。与之相反，锤炼内心在于对自我情绪的深度了解，在于能够理解和觉察情绪是怎样影响你的想法和行为的。

· **你不需要把身体当作机器才能变得内心强大**。内心强大并不是让你努力超越身体极限来证明你能够忽视痛苦。你要达到的境界是，充分理解自己的想法和感受，并决定何时逆势而动，何时顺势而为。

· **内心强大并不意味着你要独自面对一切**。强大的内心并不意味着你无须任何人的帮助。承认你的无知，需要时求助于人，懂得向更强的人学习能够锻造内心，这才是内心正在变得强大的标志。

· **内心强大并不意味着乐观思考**。过于乐观和过于悲观一样有害。内心强大意味着想法要符合现实并理性思考。

· **内心强大不在于追求幸福**。内心强大会帮助你在生活中感到满足，而不是每天醒来让你有能力强迫自己感到幸福。它使你能够更好地做决策，帮助你开发潜能。

· **内心强大并不是最新潮的心理学概念**。和健身界充斥着饮食健康、健康新趋势的知识一样，心理学界也充斥着各种方法让你成为更好的自己。让你变得内心强大在心理学界也不是什么新趋势，早在20世纪60年代，心理学已经致力于如何让人改变想法，掌控情绪和行为。

· **内心强大并不等同于心理健康**。医疗卫生行业常常将内心强大和心理健康画等号，但是二者之间并不对等。就像一些很强壮的人也可以患糖尿病。同样，就算有抑郁症、焦虑症或其他心理问题，你的内心也可以是强大的。有心理健康问题不代表你养成了坏习惯。相反，你仍然可以选择去养成健康的习惯。这可能会要求你付出更多的努力和专注力，但还是非常有希望达成目标的。

内心强大的好处

当人生顺利时，你容易认为自己是内心强大的。但问题有的时候会浮现出来，丢掉工作、遭遇自然灾难、家庭成员患病、永远失去爱人这些事常常不可避免。当内心变得强大时，你将能够为生命中的挑战做更充分的准备。提升你内心的强大程度的好处包括以下几点。

· **提升抗压能力**。内心强大对你的帮助并不仅仅体现在危机中，它在日常生活中也会让你获益。你能更充分地做准备，更有效地解决问题，也能缓解你的压力。

· **提高生活满意度**。随着内心强大程度的提高，你的自信心水平也会上升。你的行为能够遵从你的价值观，而这会使你保持内心平静，进而意识到生命中最重要的事是什么。

· **开发潜能**。不论你的目标是做一个更好的父母，还是提高工作效率，抑或是在田径场上提高成绩，提升内心强大程度能帮助你开发全部潜能。

如何变得内心强大

你无法仅靠读一本书就成为某个领域的专家，就像运动员无法在读完运动学书籍后就成为田径场上有力的竞争者，顶级音乐家也无法仅靠观看别人的表演来提升自己的音乐水准，他们都需要不断练习。

本书的十三章内容并不只是列明你该做或者不该做的事，它还描述了每个人都有可能深受其害的坏习惯。它能帮助你找到更好的方法去面对挑战，避免因坏习惯而深陷恶性循环的陷阱。这是一本关于成长和奋斗的书，一本让你变得比昨天更强的书。

目录
CONTENTS

CHAPTER 1 第一章

They Don't Waste Time Feeling Sorry for Themselves
不要在自艾自怜上浪费时间

自艾自怜是杀伤力最大的自我麻痹，它们是那样令人沉迷，让人在得到短暂的快乐后，与现实渐行渐远。

——约翰·加德纳

在杰克不幸遭遇车祸后的几个星期里，他的妈妈总是忍不住提起那场可怕的意外。每天她都会一遍又一遍地唠叨着儿子被校车撞成双腿骨折的惨象，她为自己没有出现在那里并保护好儿子而感到非常内疚。看到好几个星期都得坐轮椅去上学的儿子，想象他去上学的样子令她难以承受。

经过医生诊断，她的儿子一定会完全康复。她却不断警告儿子，他的腿可能永远也不会痊愈。她希望儿子能为最坏的结果做足准备，并意识到他以后可能再也不能像其他孩子一样踢足球甚至奔跑了。他的医生从医学角度出发，说杰克已经可以回学校上学了。但他的父母商量后决定让妈妈辞掉工作，年底之前她都会在家亲自教育杰克。他们觉得如果儿子每天看到校车甚至是听见校车的声音都会引发许多不好的回忆。根据他们的“周全”考虑，这样能够避免儿子在课间眼睁睁地看着同学们玩闹嬉戏，而自己只能坐在轮椅上无所事事。他们相信让儿子待在家里能够让他更快痊愈，不论是身体上还是心理上。

杰克经常用一个上午就能完成妈妈布置的作业，于是整个下午和晚上，他就会看电视或打电子游戏。几个星期后，杰克的父母发现他的情绪似乎有些变化。儿子从一个阳光男孩变得暴躁易怒，并且很消沉。这让他的父母越发觉得儿子遭遇的车祸可能造成了比他们想象中更严重的后果。于是他们满怀希望，到处寻找能够帮助杰克治愈内心创伤的康复方案。

杰克的父母找到了一位在童年创伤康复领域非常权威且专业的心理医生。这位优秀的心理医生是杰克的儿科医生推荐的，所以在与杰克见面之前，他就对杰克的遭遇略有所知。

杰克的妈妈推着他的轮椅进了诊室，杰克本人则一言不发。进门后，他的妈妈开口道："这是一段我们异常艰难的时期，这真是场可怕的灾难。它毁了我们的生活，我的孩子也因而产生了心理问题，他不再是以前那个男孩儿了。"让她惊讶的是，医生并没有表示同情，反而充满热情地招呼孩子："杰克，我终于见到你了！我还从来没见到过能和校车打一架的孩子呢！你可得对我好好说说，你究竟是怎么跟校车打起来，还赢了的？"第一次，杰克在车祸后露出了开心的笑。

在接下来的几周里，杰克和这位心理医生一起，开始书写一本属于杰克自己的书。他给书取了个得当的名字：《如何打败一辆校车》。杰克成功地创作出一个惊心动魄的故事，这个故事描述了杰克仅仅骨折了几处便打败了校车的传奇。

在故事中，他讲述了自己如何在惊心动魄的一瞬间抓住围巾借力一荡，让大部分身体得以避过校车的袭击。虽然在某些细节上做了夸张处理，但是整个故事的主题尊重了故事的真实性——他活了下来，因为他是个坚强的孩子。杰克用一张自画像作为全书的结尾。在画像中，他端坐在轮椅上，披着一袭超级英雄的斗篷。

此外，医生让杰克的父母也融入治疗的过程，参与孩子的康复。医生帮助杰克的父母渐渐转变了观念，并让其意识到他们的儿子仅仅是断了几根骨头，这场事故原本有可能造成更严重的后果，这应当是一件相当幸运的事。她鼓励杰克的父母试着停止对杰克展露悲伤的情绪，并建议他们应该把孩子看作一个在心理和生理上都非常坚韧，且有着顽强不屈意志的小战士。就算杰克的腿没法完全恢复，她也希望杰克的父母能够重点关注孩子在生活中还能继续做什么，而不是去关注车祸剥夺了杰克“本可以做什么”的能力。

于是，杰克的主治医生、父母和校方一起为杰克重返学堂做准备。学校在住宿方面为他做了特殊安排，因为现阶段他还没法脱离轮椅。此外，他们更想确保杰克的同学和老师不会为之流露怜悯之情。他们安排了杰克在同学面前展示自传，这样杰克就有机会得意地告诉同学们他打败校车的经历，更可以掷地有声地告诉同学们，他们没有理由为他感到遗憾。

自我同情

在生活中，我们都经历过痛苦和悲伤。虽然悲伤是一种正常、健康的情绪，但沉浸于悲伤和不幸之中就是自我伤害。以下几点有没有发生在你身上？

· 你倾向于认为自己遇上的麻烦比其他人的更糟糕。

· 你确信如果不是因为运气不好，自己完全不会遇上这些乱七八糟的事情。

· 在你身上，麻烦堆积的速度似乎比其他人都快。

· 你确定没人能真正理解你的日子过得有多艰难。

· 有时你不去参加休闲或社交活动，是为了可以待在家里思考自己的问题。

· 你更倾向于向人们诉说生活中发生在你身上的坏事，而非好事。

· 你常常抱怨自己被不公正地对待。

· 你很难找到令你感激的事情。

· 你认为其他人是因为受到上天眷顾，才过得比你轻松许多。

· 你有时会怀疑外面的世界里总有人想伤害你。

你有过上述的想法吗？自艾自怜会耗尽你挣扎的能量，负面情绪最终会统治你的想法和行为。但你可以选择接管指挥权，即便你还是不能改变自己的处境，也要学会改变自己的态度。

为什么我们会为自己感到难过

既然自艾自怜有如此大的破坏力，为什么我们还会从一开始就这样做呢？为什么有时候自我怜悯会如此令人沉醉，让我们从中得到慰藉呢？怜悯是杰克的父母为了保护儿子而产生的一种心理防卫机制，保护他们和儿子免受未来可能遭受的苦难。他们选择把注意力放在杰克今后可能会失去的能力上，希望杰克不用去面对可能出现的潜在问题。

杰克的父母过于担心杰克的安全问题是可以理解的。他们不想孩子离开他们的视线，担心孩子再次看到校车可能会出现心理波动。而这种怜悯之情早晚会让杰克变得自艾自怜，这仅仅是时间上的问题。

自艾自怜能很轻松地诱导人们坠入深渊。只要你为自己感到难过，就不会直面令你感到恐惧的事情，逃避责任，并任由事情发展。自艾自怜会让你把时间都浪费在毫无意义的事情上，并在心理上夸大情况的严重程度，让你认为不采取行动是理所当然的。

人们也经常会把自我同情当作一种社交的技巧以引起他人的关注。打出“我很可怜”这张牌可能会让你收获一些来自他人的宽慰——至少开始时会是这样。对于一些害怕被拒绝的人，他们把“倒霉的我”的标签贴在身上，用来吸引听众关注，希望以此得到帮助。

不幸的是，人们常常希望通过自我怜悯的行为感染他人来抱着一样的悲痛之心。而有的时候，不幸甚至可以成为人们吹牛的资本。正常的谈话能演变成一场比惨大赛，谁能撕开最恐怖的伤疤给别人看，谁就能赢得胜利的奖章。自艾自怜还给人们提供了逃避责任的理由。有人会对老板形容自己的日子过得有多糟糕，从而使老板降低对他的期许，以逃避责任。

有时候，自艾自怜也被认为是一种对命运表示反抗的行为。大部分人都会错误地相信，如果能够虔诚地相信世间的公平，我们理应过得更好，通过祈求上天，我们就可以改变事态的发展。但世界不是这样运行的，世上没有什么神灵或类似的人会突然出现，公正地裁决每个人生活中的每件事。

自艾自怜产生的问题

自艾自怜会摧毁你。它会造成新的问题，可能产生更严重的后果。杰克的父母没有为杰克的幸免于难而有所感激，反而因飞来横祸从他们手上夺走的东西而感到担忧。结果，他们让车祸从他们手中夺走了更多。

这并不意味着他们不是慈爱的父母，他们的初衷也是确保儿子的安全。但是他们越是为儿子感到难过，儿子就会产生越多的负面情绪。

沉溺在自艾自怜的情绪中会从以下几个方面阻碍你充分享受生活。

· **浪费时间**。自艾自怜的过程会消耗你大量的精力，却对现状的改变毫无贡献。当你没有办法解决问题时，可以选择用积极的方式勇敢面对生活中的困难。自艾自怜并不能让你想出有效的解决方案。

· **产生更多负面情绪**。一旦自艾自怜充斥你的大脑，它就会急促地点燃其他的负面情绪。它能引起愤怒、憎恨、孤独，进而助燃更多的负面情绪。

· **噩梦成真**。自艾自怜会给你带来充满遗憾的人生。当为自己感到难过时，你将很难发挥出最强的实力。结果就是你会碰到更多的问题，经历更多的失败，进而产生更强的自我怜惜的情绪。

· **无法处理其他情绪**。自艾自怜会偷走你处理悲伤、难过、生气等情绪的能量。它会死死拖住你走向痊愈的脚步，因为自艾自怜的人会沉浸于“为什么事情是这样的”，而不是专注于接受现实，认清现状。

· **你会忽视生活中的美好**。如果在一天中发生了五件好事和一件坏事，自艾自怜会让你把注意力集中在那唯一发生的坏事上。自艾自怜会让你错过生活中积极的一面。

· **影响人际关系**。受害者心理可不是什么迷人的特质，不断向别人抱怨生活的糟糕程度很快就会赶走身边的人。没人会说：“你知道我喜欢她什么吗？她总为自己感到难过。”

停止自艾自怜

还记得让你变得内心强大的“三管齐下法”吗？为缓解自艾自怜的情绪，你不但需要改变自己消极的行为，还要阻止自己沉迷于消极的想法。以杰克的例子来说，这意味着他不可以把时间都花在打电子游戏和看电视上面。他需要处在同伴身边，然后做一些他以前能做，现在依然有能力做的事情，比如上学。他的父母也需要改变自己的偏见，从“幸存者”而不是“受害者”的角度来认识这场不幸的事故。当他们能够转变关于儿子和车祸的认识时，他们便能够凭借感恩之心来消灭毫无意义的自艾自怜。

做让你很难自艾自怜的事

林肯去世的几个月后，我们便迎来了他 27 岁的生日。我和他的家人不得不面对这个残酷的事实。我对那一天的到来满是畏惧，因为我实在不知道该如何度过这充满悲伤的一天。我在脑海中会勾勒出这样的场景：大家围坐在一起，分享着一大抽舒洁纸巾，谈论命运对林肯没能度过他 27 岁生日的不公。

最终我还是鼓起勇气向他的母亲询问了意见。她心无波澜地提议道：“我们要不要去试着跳一次伞？”我不得不承认，从一架保养良好的飞机上跳下来听起来比我勾勒出的悲伤场景要强多了。那才是我们对林肯充满冒险精神的一生能做的最好的祭奠。他喜爱结识朋友，去新鲜的地方，经历新奇的事情。对他来说，周末说走就走的旅行显得那么平常和自然。甚至有时他不得不拖着疲惫的身躯，眼睛充满血丝，刚下飞机就直奔工作场所。拥有那些回忆比起疲劳工作显得有意义多了。跳伞这项运动一贯是林肯热爱的，致敬林肯的一生，这的确是一个合适的方式。

从万丈高空坠落，你几乎不可能会为自己感到难过。当然，除非你忘记带降落伞。我们不仅仅非常享受跳伞的过程，这段美好的经历也让我们决定每年都要去体验一把。每到林肯的忌日，我们都会庆祝他对冒险的热爱，这是非常有趣的经历：穿梭在鲨鱼群中，骑着毛驴穿越峡谷，甚至是做空中飞人。

每一年的这个时候，我们整个大家庭都会融入纪念林肯的冒险奇趣中。有的时候，林肯的母亲会拿着相机在一旁开心地看着我们玩耍。甚至在两年前，她排队第一次玩了架设在树林中的高空滑索，那时她已经 88 岁了。即便后来我再婚了，这仍然是我们大伙儿的一项传统活动，而我的丈夫斯蒂芬也会很开心地参加我们的活动。事实上，我和他每年都很期待那一天。

我们选择做愉快的事来度过这一天，这并不是刻意忽视我们的悲伤或伪装成不难过的样子。这是我们在清醒时做出的选择，选择庆祝生活对我们的馈赠，并拒绝展现出令人难过的样子。我们不为已经失去的而自怜，只为曾经拥有的而感激。

如果你意识到自艾自怜已经悄无声息地融入你的生活，你需要保持清醒并刻意做一些和你的意愿相反的事。当然，你也不需要非得通过跳伞来阻止自艾自怜对你的侵害。有时候，做一些细微的改变就能让情况大为改观。以下是一些例子。

· **为需要帮助的人提供帮助**。这会把你的注意力从自己的痛苦上转移，通常情况下帮助他人会让你感觉很棒。当你在餐厅为饥肠辘辘的客人端上食物，或者在敬老院陪伴老年人的时候，你就很难为自己感到难过。

· **行点滴善事**。无论是帮助邻居修葺草坪还是向流浪动物收容所捐赠食物，做一些好事会让你的生活更有意义。

· **积极做事**。体力和脑力活动都能帮助你转移注意力，不再关注自己的不幸。体育锻炼、报名参加课程、读书，或者培养新的兴趣爱好，都可以帮助你转变对生活的态度。

克服自怜情绪的关键在于找到一种行为习惯。有的时候，这更像是一个不断试错的过程，因为对于不同的人来说，同样的行为和习惯有着不同的意义。如果你现在做的事情没有效果，你需要去尝试参加新的活动。就算你没能找到合适的行为摒弃自怜，最坏也不过是停在原地打转。

替换掉能引起自怜情绪的想法

有一次，我目睹了一场发生在超市停车场的小型车祸。两辆车同时倒车入库，结果保险杠撞在了一起。碰撞仅对两车造成了轻微损伤。我看到其中一位司机跳下车说道："这糟糕透了，为什么我总是摊上这种事？今天烦人的事已经够多了！"

与此同时，另一位司机摇了摇头，下车说道："哇，竟然没一个人受伤，我们真是太走运了。遇上了车祸却能毫发无损，今天真是美好的一天。"

两个人经历了完全相同的事件，但他们对事件的观察角度完全不同。一个人把自己看作受害者，遭遇了不幸，而另一个人却把事情当作好运的一部分。他们的反应不同是因为看待问题的角度不同。

你可以选择从不同的角度看待你遇到的每一件事。如果选择带着“我本应该没事”的想法看待这类不幸，那么你会经常感到自己很可怜。如果选择在不幸中寻求一些慰藉，那么你会经常感受到生活中的乐趣和美好。

几乎每一件事都能从正反两面去看待。如果你随便找一个孩子问他：“父母离婚带来的好处是什么？”大部分孩子都会说：“那我就能在圣诞节收到更多的礼物啦！”显然，离婚对孩子来说几乎没有好处，但圣诞节能多收一份礼物这件小事情却能够让很多孩子只要想想就觉得很开心。

转换角度，重新审视问题并不是一件轻而易举的事，尤其是当你沉浸在自我怜悯的情绪中时。问自己以下问题能够帮助你改变消极想法，变得更现实。

· **我还可以从哪些角度看待我的处境？**这个问题和“杯子是一半满的还是一半空的”运用了同样的思维。如果你是从“杯子是一半空的”这样的角度看待问题，冷静一下，想想从“杯子是一半满的”这样的角度应该如何看待你现在面对的问题。

· **如果我爱的人面对这个问题，我会为他提出什么样的建议？**我们通常会对需要帮助的人提出更具鼓舞性的建议。你不太可能会对别人说：“你过着最糟糕的生活，没有一件事情是在正轨上运行的。”相反，你希望为他提供一些友善和暖心的帮助。比如，你可以说一些这样的话：“你一定知道该怎么做，你一定可以渡过难关，我知道你可以的。”也请你把这些智慧用在解决自己的问题上吧。

· **有什么证据表明我能渡过这个难关？**自怜会让我们失去面对问题的信心和处理问题的能力，我们会倾向于认为“我永远没办法解决这个问题”。回想你解决难题、战胜苦难的时刻，重新审视你的能力、资源和经验能为你提升自信，帮你停止自艾自怜。

越是沉浸于自我欺骗，你就越会感到糟糕。以下是一些会引起自艾自怜的想法。

· 再出现一个问题我就完蛋了。

· 好事情总是发生在别人身上。

· 坏事情总是发生在我身上。

· 我的生活永远在走下坡路。

· 没有人经历过我面对的事。

· 事情压得我无法喘息。

你可以选择具体辨识出自己有哪些负面想法，避免这些想法累积到足以让你失控的程度。虽然把负面想法变得切合现实需要不断练习和坚持，但这确实能有效减轻你的自艾自怜。

如果你认为“坏的事情总是发生在我身上”，那么你需要列一张清单，把发生在自己身上的好事写下来，用更现实的想法摒弃你消极的态度，并认识到：我虽然遭遇过一些倒霉事，但也经历了很多开心的事。这并不意味着你必须把消极的想法转变为不切实际的乐观态度，而是要努力从切合实际的角度去看待你的处境。

抱有感恩之心

马拉·鲁尼恩是一位很有成就的女性。她拥有硕士学位，写过一本书，也参加过奥运会。她在 2002 年纽约马拉松赛上创造了 2 小时 27 分的成绩，并第一个冲过终点线。而马拉不同寻常的地方在于她竟然双目失明。

在9岁那年，马拉被医生诊断出患有斯特格病，这是一种儿童的眼部黄斑病变。马拉渐渐失去视力的同时，喜爱上了跑步。马拉向世界证明了，她是跑得最快的选手之一，尽管她从来都没有看到过终点线。

在纽约马拉松赛前，马拉曾在1992年和1996年残奥会上取得过巨大的成就，她一共赢得5块金牌和1块银牌，并打破多项世界纪录。然而，她的脚步并没有停下来。

1999年，她参加了泛美运动会并赢得了1500米比赛的冠军。2000年，她成了历史上第一位参加正规奥运会的双目失明者。她冲过了终点线且成绩赫然：美国第一、世界第八。

马拉没有把自己的失明看作一种缺陷。事实上，她把失明看作一种优势，是上天赐予她在长跑和短跑项目取得成绩的礼物。在《看不到的终点线》中，她写道："它不仅迫使我去证明我的能力，更推动我去取得成功。它是上天赠予我的礼物，让我每天都有强烈的决心。"马拉没有把注意力放在自己缺失的能力上，而是选择用一种感恩的心态去审视双目失明为自己在跑步这项运动中带来了什么。

如果自艾自怜意味着我们认为"我值得更好的"，那么感恩就意味着我们认为"我已经有了更好的东西"。要想体会感恩带来的好处，需要我们做出一些努力，但这并不是一件十分困难的事，每个人都可以通过养成新的习惯来获得对事物感恩的态度。

从承认他人的善意和慷慨开始，承认世间的美好，你就会开始对自己现在所拥有的东西充满感激。

你不一定非得很有钱，很成功，或者有着完美生活才会怀揣对生命的感恩。一个每年挣34000美元的人可能会觉得自己很穷，但是他已经是世界排名前百分之一的富人了。[1] 如果你正在读这本书，这意味着你已经比世界上数十亿无法阅读的人幸运很多了，而那些可怜的人可能一生都会被极度的贫穷所禁锢。

找到生活中那些微不足道但你却认为理所应当的事情，来提升你对感恩之情的捕捉能力。以下列出了一些能够帮助你养成专注于生活美好一面的习惯。

· **养成写感恩日记的习惯。**每天记录下至少一件令你感激的事。可以是一些简单的事，比如因空气清新而感到心旷神怡，或者因阳光明媚而感到暖意洋洋，当然也可以写下发生在工作或家里的好事情。

· **把你感恩的事讲出来。**如果你没办法坚持记日记，那么养成习惯，把值得你感恩的事讲出来也是很棒的。在你每天早上起床后、晚上睡觉前，找到一件让你感激的事情。说出你的感恩之情，即使只有你自己一个人听，也可以让你的感激之情更强烈。

· **自怜时换个心情。**当你发现自己开始沉浸于自怜的情绪时，试着转移注意力。不要不停地去想生活有多么不公平或生活应该是另一个样子的。相反，你需要坐下来，想想生活中令你感激的人、环境和经历。如果你记了感恩日记，就把日记拿出来回顾并朗读，直到消极的情绪开始减弱。

· **问问别人对什么感恩。**与他人讨论关于感恩的话题，从而知晓别人在什么事情上会充满感激，提醒自己找到遗忘在角落之中并值得感恩的事。

· **帮助孩子学会感恩。**如果你是个家长，把如何感恩的方法传授

[1] 译者注：原文如此，作者使用了夸张的修辞手法。

给孩子们，让他们怀有感恩之心，是让你自己保持感恩最好的方法。养成习惯，每天都问问你的孩子当天发生了什么令他们感恩的事，并让家里每个人都把他们值得感恩的事写在纸条上，放在感恩罐或贴在家庭小黑板上。这些有趣的做法能够提醒你和家人一同对日常点滴保持感恩的心。

抛弃自怜之情让你内心强大

耶利米·登顿是一名美国海军飞行员指挥官。有一次执行任务时，他的飞机在战斗中被导弹击落，他被迫从驾驶舱弹出，落入敌方之手，变成了一名战俘并被送入监狱。

虽然每天他们都面临困境，但登顿指挥官和其他军官在他们的狱友士兵面前仍然保持着威信。此外，登顿指挥官会悄悄指挥狱友谨防敌方从他们身上得到信息，所以他经常被关禁闭，而这并不能阻止登顿指挥官的行动。他创造出专门的暗号，通过手势、敲击墙壁以及有规律的咳嗽来和其他狱友取得有效联系。

被俘 10 个月后，他被选中参加一档关于战俘的电视访谈节目。在回答问题时，他假装被摄像机刺眼的灯光晃到眼睛，借此机会眨动双眼，用摩斯密码拼出了 T–O–R–T–U–R–E（折磨），秘密地向外界传递了自己和狱友的信息。登顿在被俘 7 年多之后被释放了。退伍后，他当选了美国亚拉巴马州的参议员。

尽管身陷无法想象的极端处境，耶利米·登顿并没有自艾自怜浪费时间，而是保持沉着冷静，专注于做任何他力所能及的事来应对糟糕的现状。即便是在获得自由之后，他仍然选择去感谢，感谢自己有机会为祖国效力，而不是为自己失去的时光自艾自怜。

研究人员比较了将注意力放在压力上的人和将注意力放在感恩上的人后，得到结论：仅仅意识到每天发生在身边值得感恩的事，就能够为你做出改变供应足够的能量。事实上，感恩的行为不仅影响着你的心理健康，对生理健康也有影响。《人格与社会心理学》杂志在2003年发布的一项研究显示出以下几点。

· **心存感激的人比其他人生病的频率要低。**他们有着更强大的免疫系统，且不太会感受到疼痛。他们有着相对更低的血压，也更经常进行体育锻炼。他们更重视自己的健康，睡眠时间更长，甚至在睡梦中醒来时也更为清醒。

· **感恩能激发更多积极的情绪。**心存感恩的人每天都会体验到更强的幸福、喜悦和愉悦感。他们甚至感觉自己会更加清醒和精力充沛。

· **感恩能改善社交生活。**充满感恩的人对别人更加宽容。他们的举止更加外向，不太会感到孤单或寂寞。他们还可能更慷慨大方、富有同情心地帮助他人。

解决之道与常见问题

当处理压力问题时，如果让自艾自怜掌控了情绪，那么你将远离正确的解决之道。当发觉自己在自艾自怜时，你可以为自己出示一张红牌，并在第一时间采取积极的措施改变自己的态度。

有用的方法

重新审视现状，以防夸大事情的糟糕程度。

抛弃过度负面的念头，用更加切合实际的想法代替它。

积极地解决问题，专注于改善自己的困境。

保持乐观，用一种不会引起自艾自怜的方式去践行——就算不喜欢做也要坚持。

每天练习如何感恩。

无用的行为

认为自己的生活比大多数人更糟糕。

沉浸于夸大的消极情绪中，不停想着自己陷入了困境。

态度消极，沉浸在自己的感受中，而不想想自己到底能做什么。

拒绝参加改善自己情绪的活动。

专注于遗失的东西，而非拥有的东西。

CHAPTER 2 第二章

They Don't Give Away Their Power
不要让别人决定我们的心情

憎恨我们的敌人，就是在给予他们伤害我们的权利——把我们的睡眠、食欲、血压，和对我们健康、幸福的影响力一并赠送给了敌人。

——戴尔·卡耐基

劳伦相信她那强横专制、爱管闲事的婆婆就算不会毁了她的整个生活，也会毁了她的婚姻。以前她只是觉得婆婆杰姬非常令人讨厌，自从她和丈夫有了两个孩子后，情况变得更糟了，她发现婆婆的行为几乎已经达到让她无法忍受的程度了。

杰姬每周不请自来地造访劳伦的家，劳伦发现她的到来非常干扰自己的家庭生活。出于工作原因，劳伦每天只有几个小时可以陪伴可爱的女儿们。

而最让劳伦心力交瘁的是，婆婆总在尝试挑战她在女儿们面前树立的权威形象。杰姬常常会对孩子们说“你们知道，只看一会儿电视节目是不会对你们有害的，我不知道为什么你们的妈妈总是说你们不能看电视”或者“我允许你们吃些饭后甜点，但你们的妈妈说这里的糖分对健康有害”。婆婆有时候会教育劳伦，抨击劳伦“新时代”的教育方式。她也会提醒劳伦，说她允许自己的孩子们看电视、吃甜点，现在看来也没有引起什么不好的事情发生。对于杰姬的评论，劳伦常常报以礼貌性的点头和微笑，但内心深处却是翻江倒海般的不爽。慢慢地，劳伦甚至讨厌起杰姬来了，于是她常向丈夫抱怨婆婆的行为，但是每次丈夫都会敷衍了事，说“你知道她就是那样的人呀”“别在意她的话，她还是为了孩子好的”诸如此类的话。劳伦发现当自己和朋友们抱怨杰姬时，她会感到特别解气——她的朋友们会亲切地称杰姬为“怪物婆婆”。

而某一天，压抑的愤怒最终还是爆发出来了。事情的缘由是杰姬建议劳伦多做些锻炼，因为她看上去好像长了些肉。这样的评论碰触了劳伦的底线。她以风暴般的速度冲出家门，彻夜未归。在姐姐家借宿的第二天，她仍然没有回家的意愿。她害怕一回去就得任凭杰姬唠叨个没完，抨击她不应该这样离家出走。也就是在那一刻，劳伦忽然意识到自己需要他人的帮助，不然她的婚姻就要亮红灯了。

劳伦希望和我学习一些情绪管理的方法，帮助她忍受婆婆的评价，不要再因此失去理智。然而，在接受了几次心理治疗之后，她发现自己其实更需要学会的是，以积极的态度采取行动去预防问题产生，而不是被动地承受杰姬评论带来的伤害。

我要求劳伦完成一张关于她生活中分配精力的饼图，其中包含工作、睡眠、休闲、家务，当然也列明了和杰姬在一起的精力消耗。我又要求她完成第二个饼图，来显示她在每一项活动上花的具体时间。当她完成的时候，她意识到自己在这些事情上花的时间和精力完全失衡。虽然她每周仅仅和婆婆有 5 个小时左右的时间在一起，却至少要花费另外 5 个小时去琢磨和鄙视她。这一项练习帮助她了解到她把干涉自己生活的权利交给了婆婆，而她本可以把花在讨厌杰姬上的时间和精力交给丈夫和孩子，来改善她的家庭关系。

当劳伦意识到自己给了婆婆太多的权利时，她选择做出一些改变。她和丈夫一起商量，着手建立维持家庭关系健康的底线。

他们一起制定了家庭规矩来摆脱杰姬对这个家造成的影响。他们告诉杰姬，她不可以再不请自来。他们会在想见她的时候邀请她来家中共享晚餐。他们还告诉杰姬，她不可以再挑战劳伦作为孩子母亲的权威。如果她做了，那么她将被请出家门。劳伦也选择不再对杰姬抱怨。她意识到和丈夫或朋友宣泄不满只会加剧她的沮丧程度，还会消耗很多时间和精力。

就这样有条不紊地，劳伦开始感觉慢慢找回了自我和本属于她的家。她再也没有对杰姬的拜访感到糟糕透顶，因为她知道她不用在家里继续忍受杰姬粗鲁的对待。相反，她可以完全掌控家里的大事小情。

赐予他人影响你的权利会压得你喘不过气

给予他人控制你思想、感受或行为的权利会使得你几乎没有办法变得内心强大。以下说法有你比较耳熟的吗？

· 得到批评或其他的负面反馈，会让你觉得自己被严重冒犯了，不论这些反馈来自何方。

· 别人总让你气急败坏，说出或做出让自己后悔的事。

· 依照别人的意愿做事情，为别人轻易更改自己原先的目标。

· 你的一天是晴是雨取决于他人如何对待你。

· 别人请你做事，虽然很不情愿，但你还是会勉强着把事情完成。

· 你努力工作以确保他人看到你的闪光点，因为你的自我价值取决于他人怎么看待你。

· 抱怨讨厌的人或环境消耗了你很多时间。

· 你常常抱怨“不得不”做的事。

· 你不遗余力地逃避让你不适的感受，比如尴尬或悲伤。

· 很难划定底线，但会痛恨那些浪费你时间和精力的人。

· 当别人冒犯或伤害你时，你会憎恨他们。

你存在这些问题吗？攥紧自己手中的权利在于，你要充满自信，坚定自己的选择，不论周围的人和环境发出什么样的声音。

为什么我们会丧失自己的权利

劳伦很确定自己想要做一个好人，所以她认为作为一个优秀的妻子意味着要不惜代价地包容她的婆婆。她觉得要求婆婆不得再踏入家门是一件很无礼的事，所以尽管受了伤害，她还是非常犹豫是否该把话说出口，并最终选择了忍气吞声。在心理治疗的帮助下，她得以知晓健康的底线并不意味着刻薄或不敬。相反，制定家中的规矩是为了整个家庭生活的健康，也可以减少她很多心理负担。

在任何时候，当你不为自己设定健康的心理和生理的底线时，你就是在冒险予以他人权利。邻居请求你的帮助，你不敢向邻居说“不”；一个常在电话中抱怨不停的朋友给你打电话，你还是会在铃响的第一时间接通电话。为避免说“不”而不情愿做的每一件事都是在把自己的权利拱手交给别人。如果你不愿意为遵从自己的内心做任何尝试，那么你就是在允许他人从你身上掠走本属于你的东西。

缺少情绪界限也会产生同样严重的问题。如果你不喜欢某人对你的态度，而你并没有站起来抗议，那么你就是在给予别人干涉你生活的权利。

放弃自己权利产生的问题

劳伦给了婆婆影响她的傍晚如何度过的权利。如果婆婆登门，那么劳伦会很生气，因为她会失去和孩子们共处的甜蜜时光。只有婆婆没有登门，劳伦才会感觉到闲适。但其实是她自己允许婆婆的行为干扰她和孩子们之间的关系，并对婚姻造成了影响。

劳伦本可以在茶余饭后和丈夫或朋友们闲谈有趣的事，但她把全部精力都浪费在抱怨杰姬上了。如果她得知晚上杰姬会来家里，她会对下班回家一点也不兴奋，甚至会刻意加班。她失去权利的时间越长，修复自我的希望就越渺茫。

以下列出了一些丧失自己权利产生的问题。

· **需要他人掌控自己的情绪。**当丧失自己的权利，你会变成一个在情绪上完全依附于他人和外部环境的人。你的生活会变得像在坐过山车。当事情顺利的时候，你会感觉很棒。而当所处的环境发生变化时，你的想法、感受和行为都会随之改变。

· **允许他人决定你的自我价值。**当把自我价值的决定权交给他人时，你永远都不会感受到自己是有价值的。别人对你的评价有多好，你就只能做到多好，而你也没办法获取更多的满足感。

· **拒绝面对真正的问题。**放弃自己的权利意味着你将无药可医。你无法专注于寻找能改善情况的方法，却只会为出现的问题找借口。

· **你总是受害者。**在人生这部汽车中，如果你坐在副驾驶而不是驾驶的位置上，你会经常因为别人的评价而感到糟糕，或者经常被迫做你很不情愿去做的事。你会责怪他人而不为自己的选择负责。

· **对批评非常敏感。**你丧失了对批评的评估能力。相反，任何人说的任何话你都会走心，也会在心里放大这些负面的评价。

· **失去了自己的愿景。**如果他人控制了你的目标，你将没办法建立自己想要的生活。给予了他人转移目标的权利，你将没办法努力朝着目标前行。

· **破坏了关系。**如果你不和伤害了自己的人谈谈，你会让他以你不喜欢的方式继续对待你，你的怨恨会不断变大。

重拾自己的权利

丢失了自我，你对自我价值的判断将趋向于他人对你的看法。如果你冒犯了别人怎么办？如果他们不再喜欢你了怎么办？如果你选择设定自己的交往底线，也许你会受到一些人的激烈反击。但当你能够肯定自己，内心变得强大起来时，你就会知道你拥有承担后果的能力。

劳伦懂得了她能够在坚持底线的前提下，仍对杰姬保持尊重，与其和平相处。虽然她很害怕产生冲突，但她还是和丈夫一起向杰姬解释了他们的顾虑。当杰姬被告知不可以再不请自来时，她认为自己受到了冒犯。当杰姬不再被允许挑战劳伦为孩子们制定的规矩时，杰姬试着去争论。但是随着时间慢慢过去，杰姬接受了现实，如果她还是希望能够时常去儿子的家拜访，她就不得不服从这些规矩。

警惕他人夺取你的权利

史蒂文·麦克唐纳警官是一个从不让他人从自己身上夺取权利的人。1986 年，他就职于纽约警察局时曾向一些未成年人询问近期失窃自行车的情况。一个被问询的 15 岁孩子竟掏出手枪，并用子弹打穿了他的头和脖子，致使他脖子以下全都瘫痪了。

麦克唐纳警官奇迹般地生还了。在医院里，他花了 18 个月的时间去康复，学习如何以四肢瘫痪的状态去生活。惨剧发生的时候，他刚结婚 8 个月，妻子也刚有 6 个月的身孕。

伟大的是，他和他的妻子并没有把注意力放在那场惨剧和那个摧毁了他们一切幸福的未成年人身上。相反，他们明智地选择了原谅他。事实上，受伤几年后，麦克唐纳警官接到了一个来自监狱的电话，这个袭击者向他道了歉。麦克唐纳警官不仅接受了他的歉意，还告诉他，自己很希望有一天他们能一起周游世界并把他们的故事传递给人们，以防类似的暴力行径再度发生。不巧的是，这个袭击者刚出狱 3 天，就在一起摩托车事故中丧生了。

于是，麦克唐纳警官便独自一人启程，肩负起传播宽容与谅解的使命。“世上只有一件事比子弹射入颈椎还糟糕，那就是被心中的仇恨折磨一生。”他把这句话写入自己的著作《为何原谅》。也许在袭击中他永远丧失了身体的移动能力，但是他没有给予那场暴力事件或袭击者足以摧毁他余生的权利。现在的他是坐在麦克风后面传递爱、尊重和原谅的播种者。麦克唐纳警官是一个极具启发性的人，他没有在毫无人性的暴力行为面前妥协，拒绝把时间浪费在袭击者身上，并把自己的权利紧握手中。

选择原谅那些在心理上或生理上伤害过你的人，并不意味着你原谅了他们的暴行，这么做是为了释怀仇恨，并把注意力放在更有意义的事情上。

如果你一生中的大部分时间都觉得“自己是受害者”，你将很难相信自己有足够的能量去选择想要走的路。你需要做的第一件事，就是保持身处负面环境中的自我意识，也就是说，你要清楚地意识到当你抱怨环境时，你的思维、情绪和行为与外部环境的关系。仔细想想那些消耗了你很多时间和精力的人，他们是你真正想接纳的人吗？如果不是，那你可能给了他们过多的权利。

你每浪费一秒钟和同事一起抱怨老板的各种不公，都是在把影响自己的权利一点点向老板拱手相让。每一次你和朋友们吐槽婆婆的控制欲，都是在把影响自己的权利一点点送给你的婆婆。如果你不想让某人成为你生命中举足轻重的人，那就下定决心别再耗费时间和精力在他身上。

重新组织语言

找回自己的权利意味着你需要重新审视自己面对的情况。

以下例子中的语言意味着你在放弃自己的权利。

·“老板把我气疯了。”你可能不喜欢老板的行为，但他真的让你感到恼怒吗？也许是他的行为方式令你不快，而这可能会影响到你的感受，但是他并没有强迫你产生任何感受。

·“男朋友弃我而去，因为我不够好。”真的是你不够好还是这仅仅是他的个人观点？如果你向100个人做民意调查，在同一情形下，你得到全都一样的回答是不太可能的。你不可以仅仅因为其他人怎么想，就认为他们的想法是对的，不要让他人对你的成见决定你是谁。

·“我妈让我觉得自己很糟糕，因为她经常严厉地责备我。”作为一个成年人，你真的有义务一而再、再而三地听你的妈妈对你如此苛责吗？就因为不喜欢她的评论，你就会降低自尊水平吗？

·“每周日傍晚我都不得不请我配偶的家人共进晚餐。”是你配偶的家人强迫你这么做的，还是因为你认为这么做对家人很重要才决定做的？

三思而后行

蕾切尔把她 16 岁的女儿带到了诊室，因为女儿拒绝听她的话。不论她让女儿做什么，女儿就是怎么都不愿意。我向蕾切尔询问，如果女儿拒绝遵从她的命令，她会怎么做。她十分恼怒地对我说，她会冲女儿大吼着与其争论。每一次女儿说“不”，蕾切尔都会大吼道“必须做”。

蕾切尔没有意识到她给了她女儿极大的权利。她和女儿争论的每一分钟，都拖延了女儿本应去整理房间的时间。每一次蕾切尔气急败坏，她都在放弃自己的权利。蕾切尔没能管教女儿的行为，反而交给女儿控制她的权利。

如果有人说了你不喜欢的话，而你大吼大叫与其争论不休，那么你就赋予了这些恶言恶语控制你的权利。在做出回应之前，你应该保持清醒，好好想一想你应该怎么做。每一次你失去风度，你就在交给那些你讨厌的人控制你的权利。下面是一些当你想要做出冲动的行为时，能够帮助你保持冷静的方法。

· **深呼吸。**沮丧和愤怒会产生消极的生理反应——呼吸急促、心率提高、大量出汗等。做缓慢的深呼吸能放松紧张的肌肉，减弱人们生理上的反应，从而减弱情绪上的波动。

· **不要去想目前的处境。**你越是情绪化，就越是会丧失理智。你要学会辨认出那些你在极度愤怒时的信号，如身体颤抖或脸部发烫。你在失去风度前，试着把自己从当时的处境中剥离出来。可能你需要说“我现在并不想谈论这件事”或者仅仅转身离开。

· **分散注意力。**当你觉得自己过度情绪化的时候，不要设法解决或澄清问题。找一项活动来分散自己的注意力，散步或阅读都能帮你冷静下来。停止思考那些让你心烦意乱的事情，也许只需几分钟，你就能够冷静下来，并更加理性地思考。

用批判的眼光评估别人的反馈

在热卖1000万张唱片不久之前，麦当娜收到了Millennium唱片公司总裁的一封拒绝信，信里说："这个项目唯一缺少的东西就是内容。"如果麦当娜让这封信决定自己的演唱与作曲能力，那么她可能就从此放弃了。但幸运的是，她选择在音乐行业中继续寻觅机会。接到拒绝信不久，她就拿下了一个唱片合约，并成功开启了作为歌手的职业生涯。经过几十年奋斗，麦当娜入选《吉尼斯世界纪录大全》，并被评为史上作品最畅销的女歌手。她还保持了很多其他的纪录，包括史上最佳女巡演歌手等。她在Billboard排行榜评选的"历史上100名最火音乐人"榜单上名列第二，仅次于披头士乐队。

几乎每一位成功人士都有过像这样被拒绝的故事。1956年，安迪·沃霍尔试着把自己的一幅画作赠送给纽约现代艺术博物馆，但即使是免费赠送，博物馆也拒绝了他。时光飞逝，1989年，他的画作取得了巨大的成功，以至于他建立了属于自己的博物馆——安迪·沃霍尔博物馆，全美最大的个人艺术家开办的博物馆。很显然，每个人都有自己的想法，但成功人士并不会让他人的观点决定自己的路。

把握住自己的权利还在于认真评估别人的反馈，判断它是不是符合逻辑。有时候批评能够使我们打开双眸，理解别人是如何看待我们的，进而做出积极的改变。朋友指出你的坏习惯，或者你的配偶帮助你意识到自己的自私行为，都对你有好处。但在其他的时候，批评只是批评而已。容易恼怒的人可能会经常对他人做出严苛的评论，仅仅因为这样做能释放他们的精神压力。有些自尊水平较低的人只有在把别人踩在脚下的时候，自我感觉才会好一些。因此，在决定怎么做之前，仔细思考批评的原因是极其重要的。

当你收到他人的批评或反馈时，停顿一下再去做出回应。如果你非常愤怒或情绪激动，先冷静下来，然后问自己如下问题。

· **有什么证据表明这是真的？**举例说明，如果你的老板说你很懒惰，那么找到那些自己没有努力工作的证据。

· **有什么证据表明这是错的？**证明自己非常努力工作。

· **他为什么会给我这个反馈？**退一步想想，看看你能不能找到原因。是不是你偶尔的懈怠恰巧让这个人看见了？比如，你的老板仅在你患了流感的时候看到你的工作状态，可能他就会觉得你的工作效率很低。他的结论或许是不准确的。

· **我究竟想不想改变我的行为？**可能有的时候，你会因为认同别人的批评而决定改变自己的行为。比如，如果老板说你很懒惰，你觉得自己确实没有在办公室全力以赴地工作。因此，你决定早上提前打卡，晚上加班，因为你认为这样做对成为一个好员工非常重要。但是希望你明白，你的老板并没有强迫你做出任何改变。是你自己选择了改变，因为你想要这么做，而不是你不得不去做。

你要牢记，一个人对你的看法并不一定是正确的。你可以客气地选择不采纳他的意见，不要把时间和精力浪费在改变他的想法上。

明确选择的权利

在你的生命里，必须做的事情非常少。但我们经常会说服自己："我别无选择。"不要说"我明天不得不去上班"，提醒自己这只是你的一个选择而已。如果你选择不去上班就会产生一些后果——你可能会失去收入，也可能会丢掉饭碗，但你确实是有其他选择的。

你只需要提醒自己，你对自己所做、所想、所感受到的每一件事都有选择的权利，这样就会觉得很自在。如果生活中的大部分时间，你都觉得自己是所处环境的受害者，那么你就得努力改变，才会意识到自己有足够的能力创造属于自己的美好世界。

重拾权利让你内心强大

如果放弃了自己的权利，你就无法成为世界上内心最强大的人。问问奥普拉·温弗瑞吧。她在极端贫困的家庭中成长，童年时期遭到几个人的性侵。她居无定所，有时在母亲家，有时在父亲或祖母家。青春期时，她经常离家出走。在 14 岁的时候，她有了身孕，但孩子生下来没多久就夭折了。

高中时期，她开始在当地的广播电台工作。她为几个传媒公司工作过，通过奋斗，终于得到了新闻主播的岗位，但没多久她就被炒了鱿鱼。

虽然很多人认为她不适合传媒行业，但她并没有因为他人的否定而停止脚步。奥普拉坚持打造自己的脱口秀，在她 32 岁那年，她的节目成了全美脱口秀的旗帜。到了她 41 岁时，有报道称她的净收入超过 3.4 亿美元。奥普拉开始创办杂志、广播和电视网业务，并合著了 5 本书。她甚至赢得了奥斯卡奖。她创办了大量慈善项目，为那些需要帮助的人尽绵薄之力，其中还有个为南非女孩设立的领导力奖。她被美国有线电视新闻网和《时代》杂志评为“世界最具影响力的女性”。

奥普拉并没有让她的童年经历或前雇主的否定偷走属于她的权利。因为贫困，这个曾经遭受嘲笑的女孩穿着用马铃薯袋做的衣服。依照统计学的角度，她的未来应该会过得相当悲惨。但是奥普拉拒绝服从统计学上的结果。她选择决定自己的人生道路，决不放弃一丝属于自己的权利。

当不再有人具有足够的能量去控制你的感受时，你会体会到自身力量的爆发。这里还有一些紧握权利的方法，它们能够帮助你在心理上成为强者。

· 考虑做什么对自己是最好的，而不是做什么能让你避免受到指责。做到这一点，你会更好地决策，从而增强自我认同感。

· 当你为自己的行为负责时，你会对朝着目标前行的每一步都充满责任感。

· 不再因为内疚或为满足他人而被迫去做你不情愿做的事。

· 把时间和精力花在你选择去做的事上面。你不会再去责怪别人浪费了你的时间或毁了你一整天的心情。

· 维护个人权利可以减少抑郁、焦虑和其他负面情绪出现的概率。人们的许多心理问题都和感受不到希望或得不到帮助有关。当决定不再给他人或外部环境控制你想法、情绪和行为的权利时，你就会得到更多的力量以维护心理的健康。

当你对他人怀恨在心时，那些愤怒乃至仇恨并不会影响他人的生活。恰恰相反，愤怒和仇恨会给予他们影响你生活质量的权利。选择原谅能够让你重拾权利，从而帮助你保持心理和生理上的健康。研究表明，原谅他人可以带来以下利于健康的好处。

· **原谅能缓解压力。**经多年研究，许多结果显示心怀怨恨会让人们的身体处于一种高压状态。当你试着去原谅他人时，你的血压和心跳频率都会降低。

· **选择原谅能够增强你的疼痛忍耐力。**2005 年，一项针对慢性疼痛患者的研究显示，愤怒剥夺了幸福感，从而降低了对疼痛的忍耐力。选择原谅别人可以提高人们对痛苦的忍耐力。

· **无条件的原谅使你更长寿。**2012 年，《行为医学》杂志发表了一篇文章称，研究显示，当仅愿意在特定条件下原谅别人——比如，他人先道歉或他人承诺以后再也不会做同样的事时，人们早死的概率会增加。你完全无法控制他人是否会道歉。等待别人道歉再去原谅他们，给了那些人掌控你生活的权利，甚至影响你生命的长度。

解决之道与常见误区

审视自己的权利，看看自己是如何不知不觉地把这些权利交给他人的。这是一个艰辛的过程，但为了使自己的内心强大起来，你要确保每一丝权利都掌握在自己手中。

有用的方法

使用能让你意识到自己有选择权的句式，比如“我选择……”。

和他人建立保持身心健康的交往底线。

积极面对、理智决定自己如何回应他人。

对自己的时间和精力负责。

选择原谅他人，无论他们是否道歉。

客观地分析反馈和批评，不要急着下结论。

无用的行为

使用那些暗示你是个受害者的语句，比如“我不得不这样做”或“老板让我感到异常愤怒”。

抱有憎恨之心会侵害自己的权利。

同意他人的请求，随后又因为做事带来的负面情绪而迁怒他人。

做了你不想做的事，然后责怪是别人“强迫”你做的。

心怀怨恨，一直抱有恼怒、仇恨的情绪。

任由他人的反馈和批评决定你对自己的感受。

CHAPTER 3 第三章

They Don't Shy Away From Change
不要惧怕改变

人不是要么有坚定的意志，要么没有。

只是因为一部分人为改变做好了准备，而另一部分人没有。

——詹姆斯·戈登

理查德造访了我的诊室，因为他没有办法在保持身体健康方面取得进展。他 45 岁，体重超标 75 磅（约 34 千克），近期被诊断出患有糖尿病。

刚拿到诊断报告，他就去找了专业的营养师并了解到他需要减轻体重，控制血糖。一开始，他试着把所有他经常吃的垃圾食品全部戒掉，甚至把家里所有的冰激凌、曲奇饼干、含糖饮料全部丢掉了。但是仅仅过了两天，他发现自己买了更多的糖果，重拾了自己的坏习惯。

他还意识到如果想变得更健康，他需要提高锻炼的强度。毕竟，体育锻炼于他并不陌生。回溯到高中时代，他是橄榄球场和篮球场上的明星球员。但这些年来，他把大部分时间都消耗在电脑桌上了。他长时间工作，并不知道怎么才能挤出时间去锻炼。他办了一张健身房的会员卡，但仅仅去过两次。工作完回到家，他经常会感到精疲力竭，而他也意识到自己陪伴妻子和孩子的时间不够多。

理查德告诉我，他非常想变得健康起来，但他非常沮丧。尽管他理解体重超标和糖尿病带来的健康风险，但他就是没办法打起精神改掉那些不健康的坏习惯。

显然，他尝试改掉坏习惯的过程太快了，这就是他失败的原因。我建议他应该在第一周选择一样东西去改变。他听取了我的建议，把经常在下午工作时放在电脑桌前的饼干扔掉了。找到一个能替代原有习惯的方法非常重要——他决定试着吃胡萝卜条。

我还建议他向外界寻求帮助，这能帮助他变得更健康。他同意去参加“糖尿病互助小组”。又过了几周，我们讨论后认为他应该寻求家人的帮助。于是，他的妻子和他一起参加了几次治疗，也慢慢明确了应该采取的措施。她同意在去超市购物的时候不再购买那么多垃圾食品，并会和理查德一起探索家中一日三餐的健康食谱。

我们还讨论了切合理查德实际情况的锻炼计划。理查德说他几乎在每天迈出家门的时候都会想，一定要一下班就去健身房，但每当下班时他都说服自己并直接回了家。我们决定让理查德一周去三次健身房，并提前计划好这三天的生活安排。他在车里贴上了一张纸条，写着为什么去健身房是一个绝好的想法。如果他冒出不去健身房而直接回家的想法，他就得把这张警示纸条全部读一遍，就算他很不情愿。

在接下来的两个月里，理查德的体重开始下降，但他的血糖指标还是居高不下。他承认自己在晚上看电视的时候，还是会吃很多垃圾食品。我建议他在想吃甜食时，想办法把拿到食物这件事变得没有那么方便，所以他就把这些甜食转移到了地下室。这样，在他想去厨房找些零食的时候，会更有可能选择那些健康的零食。如果还是特别想吃饼干，他就不得不考虑他愿不愿意走下楼梯去地下室。这样一来，他发现自己慢慢地对健康食品提起兴趣了。一旦开始进步，他感觉改变的过程更加轻松了。最后，他越来越愿意控制体重和血糖，并对自己充满了信心。

改变还是不改变

嘴上说想要改变是很容易的，但取得成功是很困难的。我们的想法和情绪经常会阻拦我们做出行为上的改变，即使它能改善我们的生活。

很多人会拒绝养成那些能显著改善自己生活质量的习惯。看看下面这些问题里你占了几条。

· 你尝试说服自己：坏习惯并不是“那么坏”。

· 改变习惯时，你会感受到相当多的焦虑。

· 就算处于一个糟糕的境况中，你还是会担心改变可能让情况变得更糟。

· 当老板、家人或朋友影响到你，并需要你做出改变的时候，你会发现你很难适应这样的变化。

· 你对做出改变自信满满，但随后的行动力为零。

· 你担心做出的任何改变都没法持久。

· 仅仅是想到迈出自己的舒适圈，就足够可怕了。

· 为无法改变找借口，比如“我想锻炼得多一些，但我的配偶不愿意陪我去”。

· 你已经记不起来上一次你挑战自我，变得更好的时刻。

· 你对尝试新事物很犹豫，因为那看起来需要非常大的决心。

上述问题中有没有你熟悉的情形？虽然环境的改变可以是快速的，但人的改变通常是一个相当缓慢的过程。选择做一些不同的事情会要求你改变自己思考和行动的方式，这个过程可能会产生负面情绪。但这并不意味着你应该逃避改变。

为什么我们会羞于改变

一开始，理查德过于急功近利地尝试改变，很快他就觉得自己难以承受了。每一次他想着“这太困难了”，都是在允许自己放弃。但是只要看到一点效果，他的态度就能变得更积极，帮助他保持对改变的积极性。很多人羞于改变是因为他们觉得做不同的事情太过冒险或这让他们感到很不舒服。

改变的类型

改变有不同的类型，有一些你可能会觉得比另一些轻松点。

不可逆的改变。大部分改变是慢慢累积的，还有一种改变是不可逆的。例如，你决定要一个孩子，不是你可以慢慢积累出来的。一旦有了孩子，你的生活也将不可逆地改变。

习惯上的改变。你既可以选择摒除坏的习惯，比如睡得太晚，也可以选择创造好的习惯，比如每周锻炼五次。绝大多数的习惯性改变会让你在短时间内尝试到新鲜事物，但你常常会回到原来的习惯上。

尝试性的改变。有时改变会包含尝试新事物，或者和你的日常习惯结合在一起，比如在医院做志愿者或参加小提琴班。

行为上的改变。行为上的改变有时并不意味着改变习惯。例如，你下定决心，孩子的每一场比赛你都会参加，或者你决定对别人多做出主动示好的行为。

情绪上的改变。并不是所有的改变都是有形的，比如情绪上的改变。假如，你想要变得在任何时候都没那么易怒，就需要反思导致你易怒情绪的想法和行为。

认知上的改变。也许有时候你会尝试改变自己的思维。也许你正想着怎么样对过去的事少一些回忆，或者减少自己那些充满忧虑的思绪。

准备工作

新年下定的决心常常破碎，因为我们试着根据日期来做出改变，而不是因为我们已经做好了准备。如果没有为改变做好准备，你将没有办法坚持。哪怕微不足道的习惯上的改变你也做不到，如每天用牙线清洁牙齿，或戒断睡前零食，这些改变其实都要求你有一定程度的决心。

改变“五部曲”

1. **无改变意识。**当人们处于这个阶段，将没办法找到做出任何改变的理由。理查德在这个阶段停留了很多年，他认为自己没有必要为健康做出改变。他回避见医生，拒绝踏上体重秤，对妻子担忧他健康状况的唠叨也选择忽视。

2. **深思阶段。**处于积极的深思阶段的人们会思考改变带来的优点和缺点。当我第一次见到理查德的时候，他正处于深思阶段。他意识到如果不改变自己的饮食习惯，可能会造成严重的后果。但他不清楚该如何进行改变。

3. **准备阶段。**这是人们在为改变做准备的阶段。他们能设立精细的计划，一步步让自己有所不同。当理查德进入这个阶段的时候，他规划了具体的健身时间，也选择把垃圾食品替换为健康的零食。

4. **行动阶段。**这是在行为上发生改变的阶段。理查德开始坚持去健身房锻炼，也把曲奇饼干换成了胡萝卜条。

5. **保持阶段。**这个常被忽视的阶段其实是很重要的。理查德需要提前对生活进行规划，比如假期来临，他可能会需要做些准备，这样才能保持住自己的生活习惯。

恐惧

我第一次见到安德鲁时，他正在为一个没有挑战性的低收入工作感到烦恼不已。他怀揣大学文凭——助学金记录能够证明，但是他工作的领域并不需要任何他在大学里学到的技能，升职的机会微乎其微。

在寻求治疗的几个月前，他遭遇了一场车祸。不仅他的车报废了，他也背上了沉重的医疗账单。他的车辆和医疗的保险都没上足，所以他的财务状况深陷泥潭。

尽管感受到巨大的财务压力，安德鲁还是害怕申请新的工作。他担心自己可能没法喜欢上一个没试过的工作，他对自己的能力缺乏信心。对于习惯新的职场环境、新的老板、新的同事，安德鲁显得十分忧虑。

我帮着安德鲁考察了换工作的优点和缺点。当安德鲁把他的预算列出时，他就能够认清自己的处境了。留在原工作岗位让他根本没办法支付每个月的账单。不考虑预期外的支出，只是为了实现收支平衡，他还是少了 200 美元。面对这个现实，安德鲁找回了信心，他需要开始找份新工作了。安德鲁对无法支付账单的恐惧已经超过了对换新工作的忧虑。

和安德鲁一样，很多人担心做不同的事情会使现在的情况更糟糕。也许你对现在的居住环境感到不满意，但还是担心新房子可能存在更大的问题。也许你会担心结束一段关系后可能没有办法找到更好的人，因此你说服自己保持现状，就算你过得并不快乐。

避免不适感

很多人会把改变和不适感关联起来。他们经常会低估自己的能力，认为自己没办法忍受改变带来的不适感。理查德明知改变能够提升自己的健康状况，但是他不想丢弃自己喜爱的食物，也不想忍受锻炼带来的疼痛。他还担心减肥将意味着他会时刻忍受着饥饿。他对此极为忧虑，但他没有意识到其实这些轻微的不适感也不过如此。直到他知道自己可以对抗不适感，他的信心才会增强，进而真正爱上改变，并继续坚持。

悲伤

蒂法尼来到诊室，因为她渴望改变自己的消费习惯。她的购物行为已经完全失控，信用卡负债累累，她备感压力。她希望自己能不再继续这样消费下去，但与此同时，她并没有想着做出改变。我询问她为什么还要坚持这样的消费行为，她说因为自己不想放弃和闺密在一起的活动。蒂法尼常常和闺密们约在周六去购物。她认为唯一能削减自己这种大手大脚消费的方式就是不再和闺密们一起活动，但这会带来可怕的孤独感。

尝试改变意味着放弃一些事物。这常常伴随着悲伤，因为你确实把一些人或一些事抛在了一旁。为了缓解这种悲伤，我们说服自己不要做出改变。蒂法尼宁愿背上债务，也要坚持她的“闺密日”消费模式。

羞于改变带来的恶果

羞于改变会造成很严重的后果。在理查德的案例中，如果他继续保持现有的生活习惯，他的健康可能会因此遭遇很大风险。越是拖延改变的时间，他就越可能遭受不可挽回的损伤。

逃避改变不仅会对我们的身体造成伤害，也会影响我们生活的方方面面，阻碍我们成长。

· **维持现状常常等同于困在泥潭里不可动弹。**如果不做出任何改变，你的生活可能会变得相当单调。一个决定过单调和低质生活的人不太可能会经历精彩、完整的人生。长此以往，他还可能变得有些抑郁。

· **无法学习新东西。**这个世界不论有没有你的存在，都会改变。不要妄想你不做出改变就会阻碍他人做出改变。如果你余生中的每一天都过得一样，就会被别人远远甩在身后。

· **生活不会变好。**如果不做出改变，你就没办法让你的生活变得更好。很多亟待解决的问题都需要你尝试不同的方式，但是如果你并不情愿去尝试新事物，未解决的问题还会在原地等你。

· **不会挑战自己，从而无法习得更健康的习惯。**养成坏习惯是很容易的，而摒除坏习惯则要求你必须有尝试新事物的意愿。

· **被人们甩在身后。**“相比 30 年前刚结婚的时候，我的丈夫已经不是同一个人了。”这句话把我的耳朵都磨出茧子来了，而对此我的回答通常是：“不是同一个人才好呢。”我希望每一个人经过 30 年的洗礼都会获得成长和改变。如果你不情愿去挑战或提升自己，其他人可能会对你感到索然无味。

· **等待的时间越长，改变的难度越大。**你认为人们是在尝试扔了第一支香烟后戒掉它容易，还是在抽了 20 年之后再戒掉它容易？保持习惯的时间越长，打碎它们的难度就越高。有时，人们会等待改变的时机。他们会说“当事情平息以后，我就去找新工作”或“假期结束之后，我就开始减肥”。但经常发生的是，做出改变的绝妙机会从来就没有出现过。拖延改变的时间越长，改变就越困难。

接受改变

玛丽·戴明的故事第一次是从她的一个闺密口中得知的，她滔滔不绝地讲述着玛丽的好。在听过玛丽的故事后，我开始明白她成功的原因。而直到和她面对面谈过话，我才深有感触。

在玛丽 18 岁那年，她的母亲被诊断患有乳腺癌。短短三年后，她的母亲就撒手人世了。因为无法接受母亲的离世，玛丽把自己的头“埋入沙子”，做起了鸵鸟。她在两种状态中不断摇摆。一种状态是自怜自艾，因为她的父亲在她很小的时候就去世了，21 岁母亲又离开人世，这让玛丽深感命运对其不公。另一种状态是永不疲惫地工作，她让生活被各种各样的活动填满，这样她就不用再去面对困境。

但到了2000年，玛丽50岁的时候——她的父亲正是在这个年纪去世的，玛丽开始思考起自己的命数。同年，作为高中教师的玛丽需要监督一个学校赞助的为乳腺癌研究而举办的募捐活动。这个活动让玛丽有机会见到其他因癌症失去亲人的同伴们，而募捐活动也点燃了她内心渴望改变的火焰。她开始参加为乳腺癌募捐的活动。

一开始，她加入了美国癌症协会举办的“为生命接力”活动，这是她第一次为募捐参与徒步活动。接着，在2008年，她参加了一场3天60英里（约96千米）的徒步活动，这一活动是由苏珊·G.科门为乳腺癌筹款而举办的。玛丽一直以来都是一个好强的人，当看到其他人成功募捐到了很多钱的时候，她加快了速度并靠一己之力募捐到了38000美元——从母亲离世算起，每年1000美元。

但她并没有为自己出色的工作而感到骄傲，而是把成就都归功于小镇上愿意帮助她的人们。为癌症研究募集资金的举措让玛丽意识到，她可以通过这类活动让人们心连心。她也开始做一些研究，并且发现她的家乡康涅狄格州乳腺癌发病率竟位列全国第二名。这一发现让她产生了一个念头。

玛丽决定建立自己的非营利组织，并开始募捐做活动。她把整个小镇上的社区集结在一起，并把她的组织借小镇的名字命名为“西摩之粉”。在每年10月举办的乳腺癌宣传月上，这个小镇会确保每一个人都有机会看到更多的粉色。商店会用粉色装饰；为庆祝幸存者或祭悼逝去的亲人，每个人都会佩戴粉色的勋章；各家各户也会被粉色的绸带和气球所装饰。

经年累月，玛丽共为乳腺癌研究募捐了近 50 万美元经费。其中一部分钱捐赠给了癌症研究机构，另一部分为受到癌症侵袭的普通人家提供了财务支持。对于募捐的成功，玛丽不承认自己有功劳，她把这一切都归功于全体社区居民的共同参与。她从未提及获得成功的过程，我只从别人口中听说她克服过巨大的阻碍。

组织募捐活动三年后，玛丽遭遇了严重的车祸。她的语言和认知能力受到了严重损伤。但是就连经历车祸这样的事故也没有让她停止前进的步伐。她一周参加八次语言康复治疗，并坚定不移地重返募捐事业。在一个大部分人都会选择退休的年纪，玛丽说："我不会就这样退出的。"她明白自己需要为康复走一段相当长的路，但是她的人生信条中没有"放弃"二字。这花了她五年的时间，她于 2008 年回到了高中科学教师的岗位上，并重新开始了她的募捐活动。

玛丽并没有想着去改变世界。相反，她关注自己可以做些什么才能取得改变。如果你开始改变自己的人生，那么你也在开始改变他人的人生。特蕾莎修女说过："我独自一人没法改变世界，但我可以打个水漂，溅起涟漪些许。"玛丽·戴明也没有想着改变全世界，但令人确信的是，她着实改变了许多生命的轨迹。

列明改变的优点和缺点

在清单上列明保持现状带来的好处和坏处，再列明改变带来的潜在的回报和后果。不要依照好处和坏处的具体数目来决策。你需要仔细检查列表，读上几遍，然后思考改变可能带来的结果，并与维持现状的结果进行比较。如果你仍然想要做出改变，这一项练习能够帮助你做出决策。

没必要为了改变而改变。搬新家、开始新的社交、换工作这些事并不能自然而然地强大你的内心。你的注意力需要集中于你想要改变的原因，这样在进行决策的时候，你才能够判断改变的结果是否与你的终极目标相符。

如果你还是犹豫不决，就去试一试，当做了一个小实验。除非你要决定的是那些不可逆的事，用一周的时间尝试做一些新事情。在你做了这些事的一周后，评估你的进步和动力，决定你是否要把改变进行下去。

感知自己的情绪

把注意力放在你的情绪上，因为这些情绪可能会影响你的决策。当你想做出一个改变时，你的感受是什么样的？

· 你会不会担心改变无法持续？

· 你会不会只是想想改变这件事就感到精疲力竭？

· 你是否会非常担心改变产生的后果？

· 你是否害怕情况变得更糟？

· 你是否会因为放弃一些事而感到沮丧？

· 你是否只是承认问题存在就会感到不适？

一旦你认清了这些情绪，就可以判断违背这些情绪去做改变是不是有意义的事。以理查德的例子来说，他在改变的过程中经历了诸多感受。他曾对尝试新事物感到紧张，他曾因锻炼会占用本该陪伴家人的时间而感到内疚，也曾为无法成功减脂和保持健康而感到忧愁。除了这些，他还害怕自己无法改变，整天殚精竭虑。

不要让情绪替你做最终的决定。有些时候，你不得不去做出改变，即使你很不情愿。用理性思考中和你的情绪。如果你被尝试新事物吓坏了，而它确实对你的生活没有太大意义，那么你可以考虑改变是否值得。但是，如果你可以用理性思考找到从长远看对自己最好的选择，那么忍受不适感就是很有意义的。

管理不良情绪

找到那些不切实际并可能影响你的不良情绪。一旦开始做出改变，你的思维方式会在很大程度上决定你是否能获得足够的动力。你需要对以下可能阻碍你做出改变的想法提高警惕。

· 这事行不通。

· 我没法做我没做过的事情。

· 这太难了。

· 放弃喜欢的东西太痛苦了。

· 我现在做的事情挺好的。

· 做改变是没有意义的，因为我曾经试着做过类似的事，但完全没用。

· 我没法妥善应对改变。

认为改变是困难的，并不意味着你不应该去做。我们生命中最美好的时刻往往来自用自己的能力和汗水征服富有挑战性的事物的过程。

制订计划

改变前的准备阶段可能是最重要的部分。想想自己如何实施，以及如何坚持改变。当你有了周密的计划时，就可以步步为营，一点点在行为上做出改变。

一开始，理查德告诉自己他需要减重75磅（约34千克）。看着如此巨大的数字，他感到难以承受，他从没有想过获得成功的可能性。他的每一天总是从坚定的信念开始，而到了晚上，他又滑到原先的轨道上。直到他开始把注意力放在当下，思考能够做些什么，他才开始真正地做出一些行为上的改变。靠着树立一个个小目标，如减重5磅（约2.3千克），他能够确定自己每天具体需要做些什么。他开始记录自己每天的饮食，自带午餐，不到餐厅进食，在不去健身房的日子里陪家人散步。

除非要做的是不可逆的改变，你可以一点一滴去执行。为改变做准备请依据以下步骤。

· **为你接下来的30天设立一个目标，思考你想要取得什么程度的进展。**有的时候，人们想要一蹴而就，洗髓脱胎，但这很难做到。因此，你需要明确自己的第一个小目标，建立期望值。

· **制订在你执行能力范围内的改变计划，确保你能每天都前进一步。**每天你至少做到一件为实现目标而计划的事。

· **预测可能会遇到的困难。**制定一个方案，写明你会如何回应很可能遇到的困难。未雨绸缪将保证你在正轨上前进。

· **建立责任意识。**你需要为自己的进步负责，这样才能做到最好。列明哪些朋友和家人能够为你提供帮助，并督促你继续进步。每天你都要把自己的进程记录下来，这也是对自己负责。

· **控制进程。**确定专属于你记载进程的方法，把努力和小成就写下来，这可以帮你维持改变所需的动力。

和你想成为的人一样去行动

如果你的目标是让自己变得外向，那么你的举止需要变得友善。

如果你想要成为优秀的销售人员，向成功者学习，并和他们一样地行动。不用调整状态，不要等待时机，改变从现在开始。

理查德想要变得健康，所以在行为上他需要像一个健康的人那样，吃健康食品，参加更多的体育锻炼，朝着目标不断靠近。

明确你想要成为的那类人，然后积极地像那类人一样行动。我经常听到有人说“我希望我能有更多的朋友”，那就不要等着朋友去接近你，你可以像一个受欢迎的人那样去主动邀约，就一定可以交到更多的朋友。

改变使你内心强大

格雷格·马西斯法官是在20世纪60年代至70年代的底特律市救助计划下长大成人的。青少年时期，他被逮捕了很多次，还辍学并加入了黑帮。17岁的时候，被禁足在少年看守所的他得知了母亲被诊断出结肠癌的噩耗。因母亲的病情，马西斯被告知可以提早获得缓刑释放。他向垂死的母亲承诺，他将重新做人。

缓刑条例要求他必须有一份稳定的工作，所以他开始在麦当劳餐厅工作。随后他被东密歇根大学录取，并在法律专业学习。因为他的犯罪前科，他没能在律师行业找到栖身之所。但这并没有阻碍他找到服务于底特律市的方法，他成了市政厅的一位管理人员。在同一时期，他和妻子一同建立了青少年维权组织，一个帮助青少年找工作的非营利性组织。几年之后，马西斯决定竞选法官。尽管竞争对手提醒市民马西斯的犯罪前科，但底特律人民相信马西斯已经脱胎换骨了。马西斯成为密歇根历史上最年轻的法官。很快，马西斯受到了好莱坞的关注，并于 1999 年创办了一个成功的脱口秀节目。

曾经的罪犯，现在的法官，如今马西斯把大部分时间和精力都放在帮助青少年上，教导他们如何更好地做出人生抉择。他周游全美，举办了青少年教育博览会，鼓励年轻人应该为美好的未来做出人生决定。他成功地鼓舞了很多年轻人，劝说他们避免犯和他一样的错，并因此获得了很多奖项，收获了崇高的赞扬。

有的时候改变会让你的人生完全不同，踏入不一样的人生之路。当人们下决心去改变生活中的某一样东西，比如还清贷款时，他们会不知不觉地减肥成功或提升婚姻的幸福度。因为积极的改变会提高你的能动性，从而帮助你实现更多的改变。拥抱改变会让你进入良性循环。

解决之道与常见误区

不过，你的人生会不会发生变化并不以你的意志为转移。人们会因为丢掉工作、爱人逝去、朋友远走、孩子离开而发生改变，而这都是人生中的一部分。当学着适应小的变化时，你就能更好地为不可避免的巨变做足准备。

把注意力放在你是如何应对改变上的。如果有逃避那些具有重大意义、能完善人生的改变的可能，你需要对自己的抵抗信号做出警戒。虽然改变会让你感到不适，但你必须心甘情愿地成长和提高，这样才能让内心变得强大。

有用的方法

用开放的心态去评估改变的意愿。

为目标的实现设立一个可行的时间表。

用理性中和情绪，再决定是否需要改变。

预测可能遇到的风险。

评估改变带来的潜在好处和风险，对比保持现状的优点和缺点。

把注意力放在小的改变上，并以时间表和清晰的操作步骤来执行它。

像你想成为的那类人一样去行动。

无用的行为

忽视或拒绝改变，哪怕考虑一下都不愿意。

撞了南墙才知道要开始做不同的事情，那时候可能已经错过了最佳时机。

让情绪替你判断是否做出改变，不用理性去思考。

为无法改变找借口。

只想着改变带来的消极影响，而不想着它带来的好处。

说服自己不要改变，因为你不认为自己能够做到。

等待让你改变的时机。

CHAPTER 4 第四章

They Don't Focus on Things They Can't Control
不要把注意力放在你无法控制的事情上

你无法控制自己会经历什么事，但你可以决定是否受其影响。

——玛雅·安吉罗

詹姆斯来到我的诊室，最近他被孩子的抚养权问题弄得焦头烂额。詹姆斯已经和他的前妻卡梅纳为他们 7 岁女儿的抚养权问题争夺了三年之久。法官已经把优先抚养权移交给了卡梅纳，并允许詹姆斯在每周三的晚上或周末看望孩子。对于法官的决定，詹姆斯感到异常愤怒，因为他确信自己是那个“更棒的家长”。詹姆斯相信卡梅纳在报复他，并在摧毁他和女儿的亲密关系。他告诉卡梅纳最近他计划带女儿去海上看鲸，而当活动临近时，女儿说妈妈已经于一周前带她看过鲸了。詹姆斯爆发了，他认为卡梅纳总是试着用宠爱女儿的方式抢夺他的风头，卡梅纳会给女儿举办盛大的生日派对，买昂贵的圣诞礼物，带着她享受奢侈的旅行。詹姆斯既没有办法为女儿花更多的钱，也不想在一些生活的琐事上做比较。卡梅纳允许女儿很晚睡觉，独自在外玩耍，想吃多少垃圾食品都可以。他有很多次试着和卡梅纳沟通，阐述他的忧虑，而卡梅纳明确地回答他，对于他的观点，自己一点也不感兴趣。詹姆斯非常确定卡梅纳就是想让他成为女儿眼里的坏蛋。

他也对前妻正在和别人约会这一情况感到厌烦，因为詹姆斯担心女儿不能习惯另外的男人。詹姆斯甚至告诉卡梅纳，他看到过那个男人和另一个女人在一起，并希望他们能够分手。而他的计划被迫搁浅了，因为卡梅纳说如果他继续干涉自己的生活，那么他将会收到法院的限制行动令。

詹姆斯第一次来到诊室并不是为了寻求控制情绪的方法，而是为了得到法律上的援助。他请求我为他写一封寄到法庭的信，写明他应得到全部监护权的原因。当我向他解释为什么我没办法帮助他的时候，他的第一句话是：“我认为心理治疗并不会有效果。”但他没有选择离开，而是继续喋喋不休地说着。

关于詹姆斯上一次争取改变法官判决的行动，我向他询问他的行为是否奏效。他承认法官曾明确表示抚养权维持不变，不论他喜欢与否。他也承认尽管自己已经拼尽了全力，还是没办法说服卡梅纳做出哪怕一点点改变。在第一次治疗之后，詹姆斯同意再预约一次治疗。

在接下来的治疗中，我们讨论了他努力控制情况的行为会如何消极地影响女儿，他也意识到自己对前妻的愤怒可能会影响到他和女儿的关系，进而我们讨论了一些能够帮助他重新改善和女儿之间关系的行为策略。

第三次也是最后一次詹姆斯回到诊室进行治疗的时候，我知道他已经知道自己该怎么做了。“当我们去看鲸的时候，我应该把注意力放在如何快乐地和女儿度过这段时光上，而不是把时间浪费在和前妻发短信，表达着我对她报复性行为的愤怒上。”他也意识到，尽管他不能赞同卡梅纳对女儿的教育方式，但不断把她拉回到法庭并不能解决问题。相反，他只会因此浪费更多本能够花在女儿身上的钱。他决定把能量集中在成为女儿的好榜样上，并在与女儿相处时展现最好的自己，那样他就可以对女儿产生更积极的影响。

掌控所有的事

掌控一切让人很有安全感。但如果你相信自己有能力去掌控一切，这反而是有问题的。你有没有出现以下的情况?

· 花费非常多的时间和精力去阻止坏事情的发生。

· 把精力花在让别人做出改变上。

· 当面对棘手的情形时，你觉得自己能够单枪匹马改变一切。

· 你相信在任何情况下，得到的结果完全取决于你做了多少努力。

· 你相信好运气和成功没有关联。

· 有时候，人们会谴责你是一个控制狂。

· 把任务派给他人会让你感到痛苦，因为你不认为别人能把事做好。

· 当意识到自己无法掌控局面的时候，你也很难放弃。

· 如果在某事上失败了，你觉得自己要负全部责任。

· 对于寻求他人的帮助，你难以启齿。

· 你认为他人没能实现目标是因为他们不够努力。

· 你没法在团队中合作，因为你质疑团队中其他人的能力。

你符合上面哪一条?我们没办法让我们遇到的每一种情况，生命中遇见的每一个人都符合我们的期望。你要学着放弃那些你无法控制的事，把节省下来的时间和精力用在那些你能够掌控的事情上，这将为你带来极大的好处。

为什么我们想要控制一切

对于离婚，詹姆斯是怀有愧疚的。他尝试过和卡梅纳保持合拍，因为他希望女儿能够在一个稳定的家庭中成长。当他和卡梅纳的关系结束的时候，他也不想让女儿去承受父母离婚带来的痛苦。

很显然的是，詹姆斯是一个对女儿充满爱的父亲。突然有一天，他得知自己失去了对女儿的控制权，今后女儿得和前妻一起生活了，他是多么恐惧。为了减轻这种焦虑，他努力去控制尽可能多的事情。他觉得如果自己能够掌控一切，不论是前妻交往的对象还是对女儿制定的规则，他就能感觉好多了。

试着去控制一切的初衷往往来自希望控制自己不安的焦虑。如果知道一切事情尽在掌控之中，那么你还有什么担心的？比起控制情绪，人们更青睐控制自己身边的人和事。

解决一切问题的欲望来自某些超级英雄情结。我们坚守着错误的观点，认为只要足够努力，一切都会朝着我们希望的方向发展。比起把任务分派给下属，或者交给配偶，我们经常选择亲力亲为，因为我们觉得这样事情才能够在正确的轨道上发展，我们并不相信他人的能力。

内外控倾向

决定一件事是否在你的掌控之下，很大程度上取决于你的内外控倾向。一个外控的人会相信自己的人生被命运、运气，或者宿命所主宰。他们更愿意相信“该发生的总该发生”。

一个内控的人会相信自己有十足的把握掌控人生。他们会为自己的成功或失败担负起全部责任，他们相信自己有能力控制从财务到健康的一切。

你的内外控倾向决定了你如何看待自己遇到的事情。想象有一个人去公司应聘，他非常符合岗位要求的工作经历、教育背景。但几天后，他接到电话说他没能得到这份工作。如果他是外控型的人，他会想："可能有一些远超岗位要求的人参加应聘了吧？反正这也不是一份好工作。"如果他是内控型的人，他更可能这样想："我肯定没能给他们留下深刻印象，我就知道我应该好好准备简历，我还应该好好磨炼一下自己的面试技巧。"

有几个因素会影响你的内外控倾向。比如，你的童年经历就会对此产生影响。如果在家风是崇尚努力就有回报的家庭中成长，那么你就可能是内控型的人，因为你相信努力就能有所回报。如果你的父母不停地告诉你"你的选择对这个世界一点也不重要"，或是"不论怎么做，这个世界都会给你浇一盆冷水"，那么长大以后你就有可能是外控型的人。

你的人生经历也会影响你的内外控倾向。当你很努力的时候，取得了成就，你就会认为对于产生的结果你有着很强的控制力。当无论怎么努力也没能把事情做好的时候，你就有可能认为对于事情的结果，你缺乏控制力。

一个内控型的人常常被称赞为"更好的人"。有一些说法，比如"只要聚精会神，你就可以做到任何事情"，在很多文化中都是被褒扬的。事实上，一些首席执行官有着很强的控制欲，因为他们相信自己的能力能够改造世界。医生们也会喜欢那些有着很强内控能力的人，因为他们会竭尽全力配合治疗。但是，相信自己可以掌控一切也是有潜在风险的。

把精力浪费在不可控事情上的问题

詹姆斯为了改变自己所处的境况浪费了很多时间、精力和金钱，即使他经常出庭也没能改变法官的决定。他原本以为不遗余力地去尝试控制局面能够缓解他的焦虑，但从长期来看，他的焦虑感反而在每一次失败的尝试过后不断攀升。他试图掌控局面的行为也消极地影响了自己和女儿的关系，本能够给予女儿的美好时光都被他浪费在审问女儿在家里和妈妈的相处方式上。以下这些都是试图增强控制力带来的麻烦。

· **产生焦虑感**。为了缓解焦虑而试着掌控局面会自食恶果。你越去控制，就越焦虑，因为失败的尝试会让你认为自己的能力很匮乏。

· **浪费时间和精力**。为无法控制的事情担心会消耗你很多内心的能量。期待情况会改变，希望他人依你行事，祈祷避开一切你不愿发生的事都会让你耗费心神。你原本能够用这些时间和精力去积极地面对问题或控制可控的事物。

· **摧毁人际关系**。告诫别人应该如何行事并不会为你带来很多朋友。事实上，很多控制欲很强的人都没法相信别人有承担责任的能力。

· **对别人很刻薄**。如果你把人生的每一个成功都归结于自身能力，你会对那些没有完成目标的人很刻薄。事实上，那些内控型的人更倾向于承受孤独带来的痛苦，因为他们会为他人无法跟上自己的步伐而变得相当易怒。

· **对自己无端指责**。你没法阻止所有坏事的发生。而你认为自己是掌控一切的人，因而每一次事情朝着坏的方向发展时你都会自责。

内外控均衡

在接受自己无法控制一切的事实之前，詹姆斯没能从逆境中走出来并变得更好。一旦意识到这一点之后，他就能够把精力放在控制可控的事物上，比如改善和女儿的关系。他还想改善和前妻的关系，但为了这个目的，他需要不停地提醒自己，他是没有办法控制发生在她家里的事情的。显然，他知道如果有征兆表明女儿被严重侵害，他是完全可以行动的，但像吃冰激凌或晚些睡觉这些事并不足以让法官把抚养权移交到自己手中。

找到内外控平衡点的人能够理解行为是如何对结果产生影响的。与此同时，他们也懂得外部因素，如在正确的地点和时间做正确的事，也会对结果产生影响。研究者发现这类人有着双控倾向，并不单一是内控或外控的人。想要在你的人生中找到这样的平衡点，你需要深度检验自己，确定什么是你可控的，什么是你不能掌控的。你要学会从惨败中吸取经验，记住那些在某人或某事上花费了太多的精力，但最终却没能扭转乾坤的时刻。提醒自己世界上有很多事你无法控制，比如以下几种。

· 你可以举办一个派对，但你无法控制人们是否玩得开心。

· 你可以为孩子提供成功的捷径，但你无法确保他们取得成功。

· 你可以在工作上做到最好，但你无法强迫老板肯定你的工作。

· 你可以销售一款很棒的产品，但你无法控制哪些人会购买它。

· 你可能是房间里最聪明的人，但你无法要求人们听从你的建议。

· 你可以唠叨、祈求、威胁，但你无法促使配偶在行为上做出改变。

· 你可以拥有全世界最积极的态度，但那并不能改变医院的诊断结果。

· 你可以控制照顾自己的程度，但你没法让自己一直不生病。

· 你可以控制自己的行动，但你没法控制你的竞争对手怎么做。

认识自己的恐惧

希瑟·冯·圣詹姆斯于 2005 年被诊断出患有间皮瘤，那时候她的女儿仅仅 3 个月大。在希瑟还是一个小女孩的时候，她经常淘气地穿着父亲的建筑工装玩。父亲的工装经常暴露在石棉下，而石棉和患上间皮瘤是有关联的。这就解释了为什么希瑟在 36 岁的时候患上了这种老年人才会得的病。

医生一开始给了希瑟 15 个月的存活期。通过放疗和化疗，他们告诉希瑟，她的生命能够再延长五年。然而，希瑟还是选择做了肺切除手术，尽管这项手术风险极高，但这是她能够存活下来的最后机会。

这项手术会把希瑟被感染的肺切除掉，把心脏瓣膜、横膈膜用另一种材质替换掉。她足足住了一个月的院才完成整个手术。希瑟终于出院了，她选择住在父母家，这样她三个月大的女儿就可以得到照顾，而丈夫下了班也可以去看她。希瑟回到家 3 个月之后，又开始继续接受放疗和化疗。花了近一年的时间，希瑟才感觉身体有所好转，她的癌细胞也没有扩散。虽然现在只要做些强度较大的运动就喘不过气——因为她只有一个肺了，但她认为这只是一个微不足道的后遗症。

为了纪念一部分肺被成功移除的日子，希瑟把每年的 2 月 2 日称为“肺离开日”，并予以庆祝。希瑟承认自己也会对无法控制的事物感到恐惧，比如癌症可能会复发。她会用记号笔在盘子上写下令她感到恐惧的事，然后打碎盘子，并丢入火坑来象征自己击碎了恐惧。仅仅用了几年时间，这一庆祝规模变大了很多。现在有超过 80 个朋友和家人都会参与其中。客人们也会在盘子上写下自己的恐惧，击碎它们并丢入火坑。后来，他们甚至把这一纪念活动发展成为一项为间皮瘤研究募捐的活动。

“患上癌症会让你感到一切都失去了控制。”希瑟承认道。尽管她的癌症控制住了，她还是会充满恐惧，害怕女儿不得不在没有母亲的环境中成长。她选择面对恐惧，写下她最害怕的事情，并承认对于这些事的无能为力。同时，她选择了把精力放在她能控制的事情上，把每一天都过到最充实。

希瑟现在的工作是为间皮瘤患者提供咨询。她会和那些新被诊断出癌症的患者谈话，帮助他们缓解面对癌症时的恐惧。此外，她还是一名演说家，向听众传递着希望。

当你发现自己在试图控制无法控制的事情时，问问自己：“我在害怕什么？”是不是你在担心他人会做出一个不好的决定？是不是在担心事情会变得很糟？你会因为自己没获得成功而感到恐惧吗？面对你的恐惧，理解它们，这能帮助你意识到什么是你可控的，而什么是你无法控制的。

把精力放在你可控的事情上

认清你的恐惧后，你还需要找到自己可控的事情。你要记住，有的时候你唯一可控的就是你自己的行为和态度。

在你把行李递给航空公司的工作人员之后，你的行李会发生什么样的事就脱离了你的掌控。但你可以控制往行李中装什么。如果你把最重要的东西和备用衣物一直随身携带，那么提取行李时出现的紧急情况就不会让你那么慌张。如果把注意力放在自己可控的事情上，你会更容易忘掉那些不可控的事。

如果意识到某一情况会对你造成很大焦虑，你可以尽量控制自己的反应，或者做一些能影响结果的事。但你必须意识到，你无法控制别人，并且对最终结果没有完全的掌控力。

影响而非控制他人

珍妮 20 岁的时候便决定退学，不再上大学了。她在大学学习了几年之后，很清楚自己并不想成为一个数学教师。让母亲感到恐惧的是，她想要转而学习艺术。

每天珍妮的母亲都告诉她，她这是在糟蹋自己的人生。母亲明确地告诉珍妮，她不支持珍妮退学的选择，甚至威胁珍妮，如果她不选择“正确的道路”，那么就要和她断绝母女关系。

很快珍妮就对母亲日复一日的指责感到了厌烦。她已经告诉母亲很多次了，她绝对不会再回学校，即使需要承担母亲的指责和威胁，也没办法让她改变主意。但她的母亲还在坚持，因为母亲担心珍妮如果真的变成一个艺术家，前途堪忧。

直到后来，珍妮不再接母亲的电话，也不再去母亲的住所共进晚餐。因为母亲会不停地讲大道理，告诉她退学或成为艺术家是不着边际的想法，这样的“谆谆教诲”着实让珍妮愉快不起来。虽然珍妮已经是个成年人，母亲还是希望能够控制她的行为。坐在旁边看着珍妮做出“不负责任”的决定对于母亲来说，无疑是相当痛苦的。在她的想象中，女儿会有个穷困潦倒、不幸福和糊口都困难的人生。珍妮的母亲错误地认为她能够控制珍妮的人生决策。不幸的是，她的尝试不仅毁掉了自己和珍妮的亲子关系，还没能为珍妮提供做出改变的动力。

如果别人的行为是不被我们允许的，那么我们很难做到袖手旁观，尤其是当那些行为被我们看作“自寻死路”的时候。但是提要求、唠叨，或者祈求并没有办法改变结果。以下是一些能够对他人产生影响而不是强迫他人做出改变的方法。

· **先听再说。**当别人觉得你在花时间听他们讲话的时候，他们的心理防御力会有所降低。

· **分享你的观点和忧虑，但是请只说一次。**一次又一次地重复你的不满并不能让你的话语更有力。事实上，效果恰恰相反。

· **改变行为。**如果妻子不想让丈夫饮酒，把啤酒倒进下水道这样的行为并不会让丈夫有动力去戒酒。但她可以选择在丈夫清醒的时候多陪伴，并在丈夫饮酒的时候远离他。如果他很享受和你在一起的时光，他可能会选择让自己保持清醒的时间多一些。

· **赞美。**如果某人正在为改变而消耗巨大的精力，不论是戒烟还是锻炼，请给予他们发自内心的赞扬。但不要口不择言，说出类似这样的话："瞧，我早告诉过你把那些垃圾食品戒了，你就能感觉好多了。"带有言外之意的赞美之词并不能鼓舞他人，比如"我早告诉过你"。

练习接受事实

想象一下，有一个男人身处交通堵塞之中。车在 20 分钟里没有动弹一点，而他上班快迟到了。他开始吼叫，发毒咒，并用拳头捶着方向盘。他也想控制自己的情绪，但就是没法忍受自己要迟到的事实。"这些人就应该从我的路上滚出去！"他想着，"都下午了，路上还有这么多车，简直太荒谬了。"

在这个男人旁边的车里，有个人打开了收音机，跟着音乐哼着他喜欢的调调。他想着："我总会到达目的地的。"他明智地使用自己的时间和精力，因为他懂得对于交通情况，他是没有控制权的。他会告诉自己，路上的汽车成千上万，遇上交通堵塞是没有办法的事。

这两个人在以后都能够选择避免再次遇上交通堵塞，比如他们可以提早上路，选择不同的路线，选择公共交通工具，提前查看路况，甚至发起一个改变交通系统的运动。但是现在，他们仅有权选择是接受自己被堵在路上的事实，或是继续把注意力放在自己被堵在路上是一件多么不公平的事上。

尽管可能对自己所处的环境感到不满，你还是可以选择去接受它。你可以选择接受刻薄的上司，母亲的不赞同，或者子女的不上进。这并不意味着你没办法通过改变自己的行为来影响他们，但这意味着你不必强迫他们做出行为上的改变。

放弃控制欲能使你内心强大

18 岁的时候，特里·福克斯被诊断出患有骨肉瘤。医生为他进行了截肢手术，并提醒他，他的存活率只有 50%。他们明确地告诉福克斯，这还是因为近几年医学界对肿瘤治疗的进步是显著的，仅在两年前，这类癌症的存活率还不到 15%。

手术三周后，福克斯得以用假肢行走。他的医生告诉他，保持积极的心态能够加快康复的速度。他花了 16 个月的时间进行了化疗，并在此期间结识了不少因患癌濒临死亡的病友。在他的治疗期结束后，他决定让更多的人知道，癌症研究需要更多的资金。

腿被截肢的前一晚，福克斯在读书时得知有一位参加过纽约城市马拉松比赛的截肢运动员。这篇文章激励他也想去奔跑，只要身体状况允许的话。福克斯参加的第一个马拉松是在加拿大不列颠哥伦比亚省举办的。尽管是最后一个撞线的，他还是在终点线上获得了诸多支持者的掌声。

在完成这场马拉松比赛后，福克斯酝酿出了募集资金的新方案。他决定每天跑一个马拉松，并最终穿越加拿大。一开始，他期待自己能为慈善事业募集 100 万美元的资金，但随后他的眼界变得更高了。他想向每一位加拿大公民募集 1 美元——总计 2400 万美元。

从 1980 年 4 月开始，他每天奔跑至少 26 英里（约 42.195 千米，全程马拉松）。随着长途跋涉的进行，他的壮举被广泛传播并得到越来越多的支持。来自不同地区的人们开始为迎接他的到来而举办盛大的欢迎仪式。他被邀请上台为大伙演讲，他募集到的资金也越来越多。

福克斯令人震惊地连续奔跑了 143 天，直到有一天，他忽然觉得喘不过气，胸部也开始感到疼痛。他被送回了医院，医生们证实，他的癌症已经复发并且扩散至肺部。在长途奔跑了 3000 英里（约 4828 千米）之后，他不得不停下了脚步。

截止到他入院的那一天，他的旅程一共募集到了 170 万美元。但当他重新入院的消息被人们得知时，他获得了更多的帮助。时长 5 小时的电视募捐节目播放后，人们为他筹措了总计 1050 万美元的救助款，且捐助行为还在继续。到了第二年的春天，福克斯一共募集到 2300 万美元的巨款。虽然他接受了多种治疗方案，但癌细胞还是在扩散。1981 年 6 月，福克斯因癌症去世。

福克斯明白他无法掌控自己的健康状况，也无法阻止人类患上癌症，他甚至无法阻止癌细胞扩散到自己身体的每一个角落。但他没有把精力浪费在这上面，而是放在那些可以控制的事情上。

开始跑步之前，福克斯在一封信中明确地说过，他并不认为长途奔跑能治愈自己的癌症，但他知道这确实会产生一些改变。“奔跑是我唯一能做的事，就算是爬，我也要爬完最后的一英里。”他说道。

他那看起来无法想象的壮举至今仍让人们感受着他的精神。每年，很多国家都会举办特里·福克斯跑步比赛。为表达对他的敬意，一共有超过 6.5 亿美元的资金被募集。

当你不再试图控制生活中的每件事时，就有更多的时间和精力奉献给你可控的事。以下是你这么做时能得到的好处。

· **提升幸福感**。最高级别的幸福感来自内外控倾向的平衡。那些内外控倾向平衡的人懂得他们的人生存在着自身能力的局限，但通过一步步的努力，生活可以变得非常可控。他们的幸福感比那些自认能掌控一切的人要高得多。

· **改善人际关系**。当放弃自己的控制欲时，你可能会建立更融洽的人际关系。缺乏信任的问题会减少，并且你会结识更多的人。你也许会愿意向他人寻求帮助，而其他人也会觉得你没那么刻薄。研究表明，放弃了控制欲的人们会体验到更强的集体归属感。

· **缓解焦虑**。当卸下肩上的重担时，你的压力会减轻许多。你可能在短期内会因放弃控制权而产生焦虑，但从长远来看，你的压力和焦虑感会显著下降。

· **创造机会**。当有很强的控制欲时，你不太会拥抱改变，因为你无法确定改变后的结果是好还是坏。当放弃控制一切时，你会更自信，也能更好地把握机会。

· **取得成功**。尽管大多数想控制一切事情的人对成功都有着强烈的欲望，但内控倾向反而会降低成功的可能性。研究显示，如果一个人把精力全部放在确信自己会取得成功这件事上，他很容易忽视能够使自己获得进步的机会。当你的控制欲下降时，你会更愿意环顾四周，捕捉走向你的机会，即便有时它和你正做的事情没什么直接联系。

解决之道与常见误区

当你总是关注这个世界怎么又错了，而不思考该如何控制自己的行为和态度时，你就会发现自己陷入了困境。不要把精力浪费在阻挡风暴的来临，而要放在当风暴来临时自己能做些什么上。

有用的方法

把任务和职责分派给他人。

需要帮助的时候请求别人的帮助。

把注意力放在解决可控的事情上。

影响而非强迫他人。

找到内外控倾向的平衡点，确定可控和不可控的事。

别把结果全部归罪或归功于自身。

无用的行为

固执己见，因为你觉得没人能把事情做对。

一切事情都身体力行，你认为自己完全有能力独当一面。

花费时间琢磨如何改变那些处于你掌控之外的事。

尝试强迫他人去做你认为正确的事，不论他人的感受如何。

只考虑让事情按照你的意愿发展需要做的事。

不承认外部因素能影响结果，为结果担负全部责任。

CHAPTER 5 第五章

They Don't Worry About Pleasing Everyone
不要取悦他人

如果你总是在意别人的看法，那么你将永远是他们的囚犯。

——佚名

梅甘来到我的诊室寻求帮助，她觉得自己压力过大，临近崩溃。她说她每天都没有足够的时间去完成她需要做的事情。

梅甘35岁，已婚并育有两个孩子。她有一份兼职工作，在主日学校教书，还是女童子军的领队。她倾尽全力扮演一个好妻子、好母亲的角色，但她就是感觉自己没能做得很好。她敏感易怒，经常会对家人暴跳如雷，而她自己也不清楚这是为什么。

随着梅甘的话匣子慢慢打开，我终于知道原来她是一个不会说“不”的人。教会成员经常在周六晚上请她为周日早晨的教堂活动烘焙蛋糕。童子军的家长们有时会因为加班请求她开车送孩子们回家。

梅甘也经常看护妹妹的孩子，让妹妹能够把请保姆的开销节省下来。她还有一位貌似有拖延症的表姐，经常在最后时刻请求她的财务援助，有时会借些小钱周转，有时甚至会请她帮忙进行装修。最近，梅甘不再接表姐的电话了，因为她知道每一次表姐打来电话都是有所求的。

梅甘对我讲，她在家里的第一条原则就是不向家人说“不”。所以每一次表姐寻求援助，或是妹妹的孩子需要照看，她都会不假思索地答应她们的请求。当我询问这么做会对她的丈夫和孩子产生什么影响的时候，她说这意味着有的时候她没法赶在晚餐前到家，也没法哄孩子入睡。承认了这个事实之后，梅甘意识到向亲戚说“可以”意味着向家里人说“不”。虽然她对那些稍显疏远的家庭关系也很看重，但她的丈夫和孩子显然是她最重要的人，因此她决定要依据关系的不同而改变自己行事的方法。

我们还一起审视了她希望自己被每一个人喜爱的愿望。她会担心别人认为她是一个自私的人，这是她最大的恐惧。然而，在几次治疗之后，她开始意识到要求别人喜爱她实际上是比拒绝别人更自私的行为。因为她帮助他人的意愿并不是源于本心，不是为了改善他人的生活，而是想要得到他人更高的评价而已。转变了对取悦他人的观点之后，她就在行为上做好了改变的准备。

梅甘花了一些时间适应对别人说“不”。事实上，她甚至不知道该怎么委婉地说“不”。她总觉得自己需要编个理由，但她并不想说谎。我鼓励她试着对别人简单地说“我没办法做这事”，不需要说出拒绝的理由。她开始练习拒绝他人。随着练习次数不断增多，她拒绝起来越来越顺口了。她曾以为别人会对她的拒绝表示愤怒，但她很快就发现别人根本就不介意这件事。陪伴家人的时间越多，她觉得自己的脾气越好。她的焦虑程度也在拒绝几次他人的请求之后显著下降了，而且她感觉自己再也不会为取悦别人这件事感到困扰了。

取悦他人的信号

在第二章里，我们讨论了允许别人控制你的感受意味着放弃自己的权利。而取悦他人的行为其实就是在试图掌控他人的感受。以下几点你占几条?

· 你认为自己有责任对他人的感受负责。

· 只要一想到他人可能因你的拒绝而愤怒，你就感到不适。

· 你总是被他人牵着鼻子走。

· 你很容易同意他人的请求，很难表达不同的意见。

· 你经常道歉，甚至当你觉得自己什么都没做错的时候。

· 你竭尽全力避免冲突。

· 当被冒犯或受伤时，你总是选择闭口不言。

· 别人向你请求帮助，你总会同意，虽然你心不甘情不愿。

· 你会满足他人的诉求，改变自己的行为。

· 你会花费很大精力争取让别人眼前一亮。

· 如果你举办了一个派对，而派对上的人们似乎没有尽兴，你觉得自己要为此承担责任。

· 在人生中，你经常会向他人寻求掌声和赞扬。

· 如果你身边的人感到不安，你会尽心尽力安抚他人。

· 你不想让任何人感觉你是自私的。

· 你经常为他人的事情忙得不可开交。

上述例子有没有听起来很耳熟?如果你的行为是为了取悦他人，那么尝试做个“好人”往往会适得其反。取悦他人还可能严重影响你的生活，让你几乎不可能达成自己的目标。不去取悦他人，你同样可以成为一个友善和慷慨的人。

我们为什么会取悦他人

梅甘十分尽力地为自己建立好名声，希望成为永远不会让人失望的人。她的自我价值完全取决于他人对自己是怎么看的。她会竭尽全力让他人快乐，因为发生冲突、被拒绝，或者损害关系带给她的感受远比自己身心俱疲要糟糕。

恐惧

争执和冲突的确会让人感到不舒服。如果你在开会时坐在了两个正在吵架的同事中间，这显然是不太愉快的经历。又有谁希望参加亲戚们一直在争吵的家庭聚会呢？源于对冲突的恐惧，我们告诉自己，如果我可以让每个人都开心，那么一切都会变好。

当一个喜欢取悦他人的司机通过后视镜看到后方车辆快速靠近自己的时候，他会提高速度，因为他认为“那个人肯定是在赶时间，我可不能开得太慢而激怒他”。取悦他人的人会害怕自己被拒绝或被抛弃，比如他们会想“如果我不让你开心，你就会不喜欢我”。他们会因掌声和赞扬而兴奋不已，但即使没能得到足够的正面反馈，他们也会为了使别人开心而改变自己的行为。

习得的行为

有时避免冲突的欲望源于我们童年的经历。如果你的父母常常争执不休，你可能会认为冲突是非常糟糕的，而让每个人都保持开心是避免争执的最佳途径。

举个例子，酗酒者的孩子通常会成为喜欢取悦他人的人，因为这是孩子对付家长不可预知的行为的最佳方法。在其他一些例子中，取悦他人是为了得到家人的关注。

把他人的需要放在首位也是一种为了让自己感受到被需要的方法。他们会想“如果我能让他人感到开心，那么我就有些价值”，所以渐渐养成了不断在别人的感受和生活中投入精力的习惯。

我的很多客户经常告诉我，他们需要像受气包一样行事，因为这是《圣经》告诉他们的行事准则。但我肯定的是，《圣经》说的是“对待邻居要像对待自己一样好”，而不是“对邻居要比对待自己更好”。大部分的精神指引都会鼓励我们按照自己的价值观行事，即便有时这会让别人产生不快。

取悦他人产生的问题

梅甘取悦他人的行为让她遗失了自我价值感。她没有满足自己的需求，而这影响到了她的情绪。在几次治疗后，她告诉我，她的丈夫对她说：“我感觉我原来的梅甘回来了。”那一刻，她才完全意识到她曾经那些取悦他人的行为对自己的家庭生活产生了多么大的影响。

你的假设并非总是正确的

萨莉邀请简和她一起购物。萨莉之所以会邀请简，是因为上个星期简请她喝了一杯咖啡，萨莉觉得回请是一种礼貌。然而，事实上萨莉希望简能拒绝邀请，因为她只想去商场拿了鞋就走。如果简真的去了，她可能就得逛上好几个小时。

简其实也并不怎么想去购物。她需要做一些正事，还有一些家务活等着她去完成。但她并不想伤害萨莉，所以当萨莉邀请她去购物时，她同意了。

这两个人都觉得自己的做法会让对方感到愉悦。然而，她们显然不清楚对方心中所想。她们“示好”的行为造成了双方的不便，但她们都没有勇气站出来表明自己的观点，阐述真正的需求。

大部分人会错误地认为取悦他人能够证明自己是慷慨的。但请你静下心仔细思考，取悦他人并不是一个无私的行为。事实上，它是非常以自我为中心的。这种想法假设了每个人都会关注你的行为，你也觉得自己有权利去掌控他人的生活。

如果你时常做出取悦他人的事，但你却没有感觉他们对你心存感激，你会很快产生憎恨感。比如，你会想“我为你做了这么多，你却什么也不为我做”，这样的想法会悄然来袭并最终伤害你们的关系。

取悦他人会破坏双方的关系

安杰拉并没有试着去取悦生活中遇到的每一个人，她只是想在约会中让对方感到愉悦。如果她得知和她约会的男人喜欢有幽默感的女人，那么她就会额外讲几个笑话。如果对方说喜欢随性些的女人，那么她就会讲述上个夏天说走就走的旅行，把游历法国的经历讲得绘声绘色。而如果对方对聪明的女人情有独钟的话，她还是会讲这次法国之行，但这一次她会重点表达去法国旅行的目的是希望看到一些美好的艺术品。

安杰拉倾尽全力让和她约会的男人感受到自己的魅力。她觉得如果说了足够多的话，并让对方感到愉悦，那么她就可以获得下一次约会的机会。但是她从没想过随时改变性格的做法会产生什么样的长期后果。最终，她无法满足任何一个和她长期在一起的男人。

体面的男性并不想和一个戴着面具的木偶长期约会。事实上，很多和安杰拉约会过的男人很快就对她产生了反感，因为她总是对他们表示赞同，而他们通常能够很轻易地看出来她只是挖空心思去说他们想听的话。

安杰拉很害怕如果自己表达不同意见或持不同观点，会让对方对她失去兴趣，这显示了她对别人是缺乏信任感的。她认为只有自己做合他人胃口的事，这个人才会让自己留在身边。但她不知道的是，如果你真正关心一个人，而你也相信那个人关心你，那么你会愿意告诉那个人关于你的真相。你知道就算那个人不喜欢你的所作所为，他还是希望有你在身边。

让你身边的每一个人都感到开心是不可能完成的伟业。你的公公可能会请求你做一件事，但如果你去帮助他，你的配偶可能会感到不快，因为你们已经计划好一起去吃午餐。面对这样的抉择，习惯取悦他人的人常常不会选择取悦和自己关系更亲密的人。他们心里很清楚，配偶最终会原谅自己，不幸的是，自己的行为会对爱人造成伤害，或让其感到愤愤不平。那么，我们为什么不反其道而行之呢？难道我们不应该为最亲密的人付出最多的努力吗？

你知道殉道者有什么样的行为吗？他们取悦他人的行为经常会伤及自身。他们会不停地说着这样的话："我负责周围所有的事"或"如果我不做的话，就没有人做了"。这些人很可能成为易怒或刻薄的人，这就是取悦他人对自身的反噬。

不论你是和殉道者一样很难说"不"，还是因为害怕伤害别人，你用心取悦他人的行为都没办法保证你会被真心对待。他们可能会因为你的行为而选择占你便宜，而不是和你发展更深的关系，因为这些关系都是以信任和相互尊重为前提的。

丧失自我价值

布朗尼·韦尔是一位澳大利亚的护士。她在临终病房工作了很多年，并分享了一些关于那些病人的事。那些病人在临死前大多会表示自己一生最后悔的事，就是一直在取悦他人。在韦尔的著作《临终者人生的五大憾事》中提到，临终者多么希望他们能够为自己而活。为了取悦他人，他们在着装、行为、言语上总是迎合别人的喜好，他们多么希望能坦诚面对自己。

在《社会与临床心理学》期刊中甚至报道了这样的研究结果：取悦他人者在餐桌上会因为想带动他人的食欲而暴饮暴食。如果认为这样做能帮助身边的人，他们宁愿牺牲自己的健康，即使身边的人对他们吃了些什么一点也不在意。

取悦他人还会拖住你，让你无法开发自己的全部潜能。尽管他们很享受被人喜爱的感觉，但其实他们并不愿意在任何事情上成为做得最好的人。他们害怕得到最高的赞誉，因为他们觉得别人会因此受到伤害。有的人可能在职场上不愿意升职，因为工作带来的荣誉会令他感到不舒服。有的女人可能不希望很有魅力的男人接近她，因为她不希望自己的朋友会因男人先和自己说话而受伤。

不论你的价值观是怎样的，如果你把注意力都放在取悦他人身上，你就会经常背叛自己的价值观。你很快就会丧失判断力而只知道做那些取悦他人的事，受人欢迎的决定并不一定是正确的。

避免取悦他人

当“好的”成了梅甘的口头禅时，她发现自己会不假思索地答应任何请求。

所以我告诉她一个咒语，不断重复“同意别人的请求就意味着对丈夫和孩子说‘不’”。她明白如果答应别人的事不会影响到丈夫和孩子的感受，她可以随心而为。但她不可以什么事情都答应，因为这样做既会伤害到家人，又会破坏自己的心情。

确定你到底想让谁感到满意

如果想实现自己的目标，你需要对你的行为很坚定，而不是做他人想要你做的事。大型免费分类广告网站 Craigslist 的首席执行官吉姆·巴克马斯特很早就通晓了这个道理。

巴克马斯特在 2000 年成为 Craigslist 的首席执行官。那时候，其他的网站都在广告业务上赚得盆满钵满，Craigslist 却没有分得一杯羹。事实上，Craigslist 拒绝了很多提高营收的机会。巴克马斯特和他的团队决定保持网站的精简，只对少数特定的广告业务收取费用，大部分的内容张贴业务仍然保持了对用户的免费。事实上，公司甚至连市场部都没有设立。

Craigslist 因这个决定受到了很多质疑，而巴克马斯特也成了众矢之的。他被控告为反资本主义，甚至被人们称为“反社会者”。但巴克马斯特对取悦批评他的人没有一点兴趣，他一如既往地运营着这家企业。面对诱惑，他保持了本心，因为拒绝广告业务，他艰难地维系着公司的运营。而这一决定让公司很轻松地度过了后来的互联网泡沫，使 Craigslist 成为世界上最受欢迎的网站之一。公司的估值至少为 50 亿美元。靠着不取悦他人，巴克马斯特才得以帮助公司把注意力聚焦于服务用户，深度维系了客户关系。

你在因取悦他人而改变行为之前，请对自己的想法和感受进行评估。如果你还是会对表达自己的观点感到犹豫，请记住以下关于取悦他人的真相。

· **取悦他人纯属浪费时间**。你无法控制他人的感受。琢磨别人是不是高兴的时间越多，用来考虑重要事情的时间就越少。

· **取悦他人者容易被操控**。别人能够远隔千里就辨识出一个取悦他人者。操控者经常会用套路捕捉到取悦他人者的情绪，从而控制他的行为。在这些话语面前请保持警惕，比如“我只请你去做这个事，因为你是做得最好的人”，或者“我讨厌请你做这个，但是……”。

· **让别人愤怒或失望也没什么大不了**。让他人一直保持开心和愉悦是毫无道理的。每个人都有一系列调整情绪的方法，你的工作并不是防止他人产生负面情绪。仅仅因为有人对你感到愤怒并不代表你做错了什么。

· **你没法取悦每一个人**。同一件事能取悦每一个人几乎是不可能的。你要接受一个事实：有的人可能永远都没法被取悦，而你的职责并不包括让他们开心。

对自己的价值观保持清醒

有一个在工厂上班的单身母亲。一天清晨，她叫儿子起床去上学，但儿子感到有些不舒服。她为儿子量了体温，发现他有些低烧。显然，他没法去上学了。

她不得不考虑孩子的一天应如何度过。她并没有能够陪在儿子身边的朋友或亲戚。她可以向工厂请病假，但在请病假的日子里她是拿不到工资的。而如果她拿不到工资，周末去超市的开销就会有困难了。她还担心再次请假会让她失去工作，因为她已经因为孩子生病请假很多次了。

因此，她决定让儿子独自在家养病。她知道如果别人知道了，可能会认为她不是一个好妈妈，因为没有母亲会把一个生着病的 10 岁大的孩子独自留在家中。然而，她的价值观告诉她，这个选择是正确的，所以她也不会担心别人怎么想。她并没有把工作看得比孩子更重要，事实上，在她的心里，家庭比其他一切都重要。只是她明白，从长期看，保住工作是对家庭最好的选择。

当你面对人生中的抉择时，清晰地了解自己的价值观是相当重要的，只有这样才能做出最好的决定。你能否轻松地在脑海中列举出五样最重要的事？大部分人并不能做到。但当你对自己的价值观并不清晰的时候，你如何才能知道该把自己的精力放在哪里？又如何做出最好的决策呢？花时间明确自己的价值观会是一项很有价值的练习。人们重视的对象常常包含：

· 孩子。

· 浪漫的关系。

· 大家庭。

· 宗教信仰、精神寄托。

· 志愿活动，帮助他人。

· 事业。

· 金钱。

· 保持良好的友情。

· 身体健康。

· 明确目标的能力。

· 休闲活动。

· 取悦他人。

· 学习和教育。

从中选择五项你认为对你来说最重要的对象，并给其排序。现在请你停下来，想想你是不是按照自己的选择来生活的。你的时间、金钱、精力和能力是如何分配在这些选项上的？你有没有在某件事情上花了很多的精力，而这件事却并没有出现在列表上？

取悦他人在你的列表中位列第几？它不可能位列第一吧。不断地审视这份清单能帮你检验你的生活是不是偏离正轨了。

先思考再决定

在梅甘的例子中，她逃避与表姐的接触是因为她明白自己无法拒绝对方提出的要求。为帮助她说“不”，我们一起写了个“剧本”。每当有人向她寻求帮助时，她要这么说：“让我看看我手头上有什么事，我随后联系你。”这样她就能为认真思考和决定是不是要去帮忙创造充足的时间。她也可以明确自己同意帮忙这种事是符合自己意愿的，并不是为了取悦他人。

如果情不自禁地说“好的”已经成为你人生里的一句口头禅，学着在回应他人之前审视自己的决定。当他人请求你的帮助时，问问自己如下问题。

· 这是不是我想要做的事？绝大部分取悦他人者并不清楚自己想

要什么，因为他们已经太习惯做事不动脑筋。所以，做事前请仔细思考自己的观点。

· 做这件事情会让我放弃什么？如果你为他人做一些事，不可避免地会放弃一些选择，可能是和家人共处的时间，也可能是你的金钱。在做出决定之前，想想同意帮忙对你来说意味着什么。

· 我会收获些什么？可能这会为你带来改善关系的机会，也可能做这件事会让你很愉快。想想同意帮忙会为你带来什么样的潜在好处。

· 如果帮忙，我会感觉怎么样？你可不可能会感到愤怒或怨恨，快乐或骄傲？花点时间想象一下，你会有什么样的感受。

和梅甘一样，你并不需要找借口去解释拒绝的原因。当你拒绝的时候，你可以说像这样的话："我希望我可以，但我没办法去做。"或者简单地说"对不起，我没办法去做"。如果你对拒绝他人感到不习惯，可能需要多练习几次，但随着次数的增多，拒绝会变得轻松。

练习坚持主张

冲突并不意味着一定是坏事。事实上，坚持主张的讨论可以是非常健康的，而分享自己的观点也能改善关系。有那么一刻，梅甘对表姐说她感觉自己以前好像都在被表姐利用。而她的表姐选择了道歉，说自己从没考虑过梅甘的感受，并承诺自己不会再和以前一样对待她。梅甘也为自己从不拒绝别人，会不情愿地答应对方承担了自己的责任。梅甘和表姐因此修补了关系的裂痕，避免了关系的崩塌。

当他人占你便宜的时候，请你勇敢地坚持主张并告诉对方你的需要。你不需要咄咄逼人或表现粗鲁，相反，保持谦逊和礼貌，表达自己的观点并就事论事。请使用“我”句型，例如“我感到很沮丧，因为你总是迟到30分钟”，而不是“你从来都不准时”。

我治疗过很多有孩子的父母，因为他们无法忍受孩子的失落，所以不去拒绝孩子的请求。他们不会告诉孩子他们不能做的事，因为他们不想看到孩子哭泣，或被孩子认为自己刻薄。当你无法坚持主张的时候，你会因为他人的愤怒而感到不适，不论这个生气的人是你的孩子、朋友、同事，还是陌生人。但是通过练习，那些不适感会变得易于承受，坚持主张的行为也会轻松很多。

接受无法取悦所有人的事实，你的内心会更强大

莫斯·金格里奇正在犹豫是否做一个我们绝大多数人难以想象的决定。他是在威斯康星州的阿米什人社区长大的，他大部分童年的时光都在耕地或挤牛奶。但金格里奇无法说服自己保持阿米什人的生活状态。尽管处在一个质疑声会被压抑的社区中，金格里奇还是会对神或阿米什人生活中的一切产生怀疑。

对于离开阿米什人社区，他挣扎了很多年。阿米什人式的生活是他最熟知的生活方式。为了永远离开此处，他不再被允许联系阿米什人社区的任何人，包括他的母亲和兄弟姐妹。更何况迈入“英语世界”就像是进入了陌生之地。毕竟，金格里奇此前从来不被允许使用现代科技，例如电脑，甚至他们连电都没有。他如何靠自己的努力踏入外面那未知的世界呢？

进入相对未知的世界对金格里奇来说并不是最可怕的事，最令他恐惧的事是他担心自己会下地狱。他总是被警告：阿米什人的神是世

间唯一的神，离开阿米什人社区意味着离开了神。阿米什人社区的老人们告诉他，外面世界的人是没有希望的，如果不再过这样的生活，就和外面的基督徒一样，是在玩火。

金格里奇在未成年和青年时期有几次短暂离开阿米什人社区的经历。他游历过整个国家，了解了其他阿米什人社区的文化，并对外部世界有了一些了解。他的冒险帮助他重建了自己对世界和神的观点。最终，他认为自己的价值观和阿米什人并不相容。所以金格里奇决定离开阿米什人社区，并摒除一切原有的生活方式。

金格里奇在密苏里州重新开始了生活。在生活中，他经历了种种冒险。他创立了属于自己的建筑公司，还在真人秀节目中成为一名演员。他在没有得到任何家人的帮助下披荆斩棘，走出了自己的路。而阿米什人社区的所有人再也没有和他说过一句话。金格里奇有时也会帮助其他走出阿米什人社区的年轻人，因为金格里奇明白，他们融入“英语世界”是艰难的。找工作、考驾照、认识新世界、学习文化等，没有他人的帮助无疑是充满艰辛的。

我曾有机会询问他是怎么做出的决定。他告诉我，面对他的信仰的时候，他意识到：“这个世界的样子取决于人们的信念。人们选择做什么，世界就是什么样子的。而做选择的权利掌握在我们手中，所以我选择离开，义无反顾地拥抱现代生活。每一天，我在妻子、两个女儿和继子身边醒来时，都会感谢上苍让我做到了这一切。”

如果金格里奇把精力放在让每一个人都感到高兴上面，他仍然会停留在阿米什人社区，尽管他明白那并不合他的心愿。但金格里奇的内心足够强大，他离开了他所知的一切和熟识的每一个人，勇敢地做了他感觉正确的事。他对靠自己的双手创造出来的生活感到非常满意，也对能够承担整个阿米什人社区的谴责充满了自信。

你的言行必须和信仰相符，这样你才能真正享受自己的生活。当你停止取悦他人，并大胆地依照自己的价值观去生活，你将得到如下好处。

· **你的自信心会暴涨**。越是不用取悦他人，你就会越独立，越自信。即使他人并不赞同你的做法，你也会对自己的选择感到满意，因为你明白自己做出了正确的选择。

· **你会有更多的时间和精力去追寻你的目标**。与其把精力浪费在造就别人眼中的完美上，不如把时间和精力花在自己身上，不断完善自我。当按照自己的目标去努力时，你将更容易取得成功。

· **压力会减轻**。当你为自己设立了健康的交往底线时，你会感受到越来越少的压力，并且不再易怒。你也会感觉自己对生活的掌控力更强了。

· **你能建立更健康的人际关系**。当你更加坚定立场时，他人会对你有更多的尊重，你和他人之间的交流将得到改善，这也能帮助你远离愤怒和怨恨。

· **你的意志力会大大增强**。在《实验心理学》期刊上，一项 2008 年的有趣研究表明，当人们做决定的时候按照自己的想法而不是取悦他人，他们的意志力会大大增加。如果你仅仅做那些让他人愉悦的事情，你的目标会很难达成。如果你不断暗示自己这就是最佳的选择，你将为自己注入强大的动力并坚持做正确的事情。

解决之道与常见问题

在你的生活中可能存在着一些很容易维持本心的情形，但也存在着另一些你可能会担忧自己是否取悦了他人的情形。对于这些信号你需要保持警惕，并坚持符合自己价值观的生活方式，而不是那种为了让其他人开心的生活。

有用的方法

明白自己的价值观并依此行事。

同意或拒绝之前，请关注自己的情绪。

当你不愿意做什么事情的时候请说“不”。

练习忍受因口角或冲突带来的负面情绪。

坚持自己的行为，就算他人无法接受你的观点。

无用的行为

对自己的人生观和价值观感到迷茫。

不顾自己，仅考虑他人的感受。

不假思索地同意他人的请求，并不思考这是不是好的选择。

为避免冲突而同意他人的观点，接受请求。

随大溜，拒绝说出那些大部分人反对的观点。

CHAPTER 6 第六章

They Don't Fear Taking Calculated Risks
衡量风险并勇于承担

不要总是对自己的行为忧心忡忡。生活本身就是一场实验，你经历的事情越多越好。

——拉尔夫·沃尔多·爱默生

戴尔在一所高中为学生们教授手工艺制作，从业30年的他虽然喜爱自己的工作，但没有办法像以前一样对这份工作充满热情。他梦想着创办属于自己的家具店，让生活变得更自由，并赚到更多的钱。但当他把这个想法分享给妻子时，她翻了翻白眼说他白日做梦。

而戴尔越琢磨越觉得妻子说的可能是正确的。但他还是不想继续在学校教授手工艺。一部分原因是他已经对教书感到厌倦，而另一部分原因是他已经身心俱疲了。他感觉自己不再像以前那样能在课堂上保持高效率，他认为这对学生来说也是不公平的。

而梦想着拥有自己的公司并不是戴尔的第一个宏伟的想法。他曾梦想着居住在帆船上。在他生命中的另一阶段，他还梦想着在夏威夷开一个小旅店。他从没有对其中任何一个梦想展开追求，因为他总是觉得自己应该把家庭的稳定放在第一位。现在孩子们已经长大，他和妻子在财务上也比较宽裕，他只要保住教师的饭碗并顺利退休就可以了。

作为手工艺教师的戴尔对日常工作感到有些举步维艰，而且他的情绪也糟透了。他感到自己是失败的，因而变得抑郁起来，他从来没有像现在这样如此消沉。他寻求着解药，他感觉一定有什么出了问题，这是他在自己漫长的教师生涯中头一次如此讨厌这份工作。

尽管戴尔对我表示，对于妻子的意见他是赞同的，他也觉得自己确实不应该冒险创办企业，但很明显的是，他的内心深处仍然对创业充满着渴望。而仅仅是谈论开办一个家具店，他的头都会抬高，身体语言也会随之改变，整个人的情绪都显得不同了。

我们一起讨论了他曾经的冒险经历。他说多年前，他在房地产业上投资过并损失了一大笔钱。从那以后，他就对承担在财务上的风险充满了恐惧。在几次治疗之后，戴尔坦白他仍然对创办企业充满渴望，但他也害怕自己不得不辞掉一份稳定的工作。尽管他对自己的木工技术充满自信，但他的商业知识十分匮乏。我们开始计划可行的具体步骤，并帮助他通过学习步入商业世界。戴尔说他选择把握住学习的机会，报名参加了社区大学的商业课程。他还说自己会愉快地加入一个当地的创业互助小组，并寻找导师，帮助他启动商业计划。权衡利弊后，他仍想把这个梦保护好，也会再三思量实现梦想的可行性。

几周之后，戴尔做出了决定——在启动阶段，他选择先以兼职的方式投入这份事业。他计划用每个周中的晚上和整个周末的时间在自家的车间制作家具。他已经具备很多创办企业的条件，现在他只需要投入一点资金去购买原材料就可以了。他发现只需要投入少量的资金就能真正创办企业，对于这一点，他是既满意又充满信心的。一开始，他并不需要开一个门店——他会通过网络和报纸来销售产品。如果他的家具被广泛关注，他才会考虑以后开一间门店，他甚至可以为此辞去现在的工作。

当开始思考如何把梦想转化为现实时，戴尔的情绪得到了显著改善。在经历几次治疗后，戴尔看起来变得越来越好，离他的目标也越来越近。我们很随意地约好一个月之后再谈一次，我只是想看看他的状态能不能维持稳定。当他再次回到诊室的时候，他告诉了我一件非常有意思的事情——他不仅成功开办了自己的企业，而且对在学校教授手工艺重新提起了兴趣。他说创业好像把他教书育人的激情点燃了。他计划继续以兼职的方式做家具生意，而他也不再想辞掉原来的工作了。取而代之的是，他会因为能够把在家具店学到的新知识传授给自己的学生而感到非常兴奋。

风险厌恶

生活中，我们一直面对着种种风险——财务、健康、情绪、社交、事业，但人们对风险的逃避行为往往会导致自己无法开发全部的潜能，因为人们总是对风险充满着恐惧。以下几点有哪些也是发生在你身上的？

· 做重要的人生抉择时犹豫不决。

· 花很多时间幻想，但从不付诸行动。

· 有时你做决定会很冲动，因为做决定的过程让你备感焦虑。

· 你常常认为自己应该经历诸多冒险并让生活充满激情，但恐惧让你止步不前。

· 对于冒险，你会经常勾勒最糟糕的情形，进而选择放弃。

· 有时你会让他人为你做决定，这样的话你就省心了。

· 因为恐惧，你会逃避社交、财务或健康的风险。

· 你的决定受到恐惧的影响。如果你只是有一点害怕，那么你可能会去做。但当你很害怕的时候，你觉得冒险是不明智的。

· 你相信结果的好坏大部分取决于运气。

风险计算能力的匮乏会导致人们出现恐惧情绪，而对风险的恐惧常常会引起人们的逃避行为。但遵循下面提到的步骤能够帮助你增强对风险的计算能力，多多练习，你的冒险能力就会增强。

我们为什么逃避风险

当戴尔在脑海中勾勒自己的创业计划时，映入眼帘的是他上一次投资失败的情形。他对再次冒险是极度悲观的。他想象自己破产或是把整个退休生活都输给创业计划的样子。他夸张的消极想法引起了恐惧和焦虑的情绪，也致使他无法采取行动。他从没试着去找能够降低风险并提高成功率的方法。

情绪战胜理性

即使我们的情感缺乏理性作为基础，我们有时还是会允许情绪战胜理性。我们不想着“怎么做”，却总想着“如果……会……”。但是，冒险并不等同于莽撞。

我的拉布拉多犬杰特是一位很情绪化的伙伴，它的感觉完全支配着它的行为。不知道什么原因，它有着对一些奇怪事物的恐惧。举个例子，它会对大部分材质的地板产生恐惧。它很喜欢在地毯上行走，但说服它在油毡地板上行走几乎是不可能的。杰特说服自己相信绝大多数地板对它来说都太滑了，而它对可能会摔倒充满恐惧。

和人类管理焦虑的方式相似，杰特为管控自己的恐惧制定了规则。它能够在我铺满硬木地板的客厅行走自如，但它绝不会踏入贴着瓷砖的门厅。它常常想进入我的办公室看看我，但它会在门厅的尽头伫立好几个小时，因为它并不想冒险在瓷砖上行走。我曾希望它能够为了看看我而决定冒险，但它没有。到最后，我不得不用好几块小毯子为它铺了一条路，它终于可以小心翼翼地在毯子上行走，以免踩到瓷砖。

它偶尔也会拜访别人家，自然它也制定了一套自己的规矩。当它拜访林肯母亲的家时，因地上铺着瓷砖，它会选择倒退着进入客厅。在它的犬类思维中，倒着通过瓷砖显然是很有道理的。

有一次我们出了城，并把杰特寄存在我父亲家。但它在写着欢迎字眼的门垫上窝了整整一个周末。有时，杰特甚至因为不愿碰到油毡地板而拒绝进入兽医室，我不得不把它抱起来，而把 80 磅（约 36.29 千克）重的宠物狗抱进兽医室可不是什么轻松的事。所以有时候我们会携带几张毛毯，在必要时为它修筑一条可以通行的路。

杰特对穿越铺着可怕地板的路充满了恐惧，而这种恐惧通常会战胜它全部的欲望，但有一件事会打破它的规则。当发现猫粮的时候，它会愿意去冒这个险。杰特因惧怕瓷砖地面而从未进入过厨房，但有一次它发现那里有一袋自己以前没注意到的猫粮，它的兴奋战胜了恐惧。

随后的每一天，它都会在我们没有注意它的时候，慢慢地朝着厨房的方向伸出一只爪子。很快，它会把两只爪子都放在地板上，尽可能多地把身体伸展进厨房。最后，它能够把三只爪子都放在地板上了。它的最后一条腿会紧紧抓住地毯，并尽可能地把身体延伸进厨房深一点的地方。还有的时候，它甚至能够成功地站在瓷砖上，慢慢走到猫食盆前。

我并不清楚杰特是如何仅通过观察就判断出哪些地板是“安全的”，哪些是“可怕的”。尽管缺乏人类的逻辑思考能力，但这显然是符合杰特的逻辑的。

虽然这听起来很荒谬，但人类通常也会用同样的方式衡量风险。我们倾向于依据情绪而非理性来做决定。我们错误地认为恐惧程度和风险程度存在直接联系。而我们的情绪通常都是非理性的。如果懂得如何衡量风险，我们就能判断冒哪些风险是值得的，我们在接受风险时的恐惧也会因此降低。

我们不曾考虑风险

为了衡量风险，我们必须判断结果是好是坏的概率，进而衡量这个结果可能对我们造成多少影响。我们经常会因为担心风险的发生而产生恐惧感，从而对行为可能出现的结果不加以深度思考。我们经常会不考虑结果中存在的潜在好处就直接连同梦想一起放弃冒险的想法。

风险一开始仅是一个思维过程。无论你是在考虑购入一套新房子，还是思考要不要系上安全带，做出决定就意味着承担某种程度的风险。关于风险的看法会影响你的感受，并影响你的行为。当你驾驶车辆，你需要决定车辆的行进速度。在路上驾驶车辆时，你的安全性和合规性面临着风险，而你必须平衡这些风险与行驶时间的关系。你开得越快，在路上浪费的时间就越少。但开快车会增加你的事故率，也会使你更容易收到罚单。

你不太可能每天在上班的路上花很多时间去考虑车辆行进的速

度。所以你是遵守交通规则还是超速驾驶将很大程度上取决于你的习惯。但如果某天你快迟到了，你就需要思考一下要不要开得快一些，同时承担更多的安全和法律风险，还是开得慢一些，接受迟到带来的影响。

真相是，绝大多数人都不会把时间花在衡量风险，理性思考并决定是去承担还是规避风险上。相反，我们的决策常常基于情绪或习惯。如果它听起来很可怕，我们就选择规避风险。如果我们对结果可能带来的好处兴奋不已，我们便选择忽视风险。

惧怕风险带来的问题

在戴尔的子女全部大学毕业后，他希望能够做些刺激的事来充实自己的人生。当他考虑创业时，他感觉自己就像不系保险绳从悬崖边跳下一样。而戴尔没有意识到的是，拒绝冒险给他造成了很大压力。无法实现梦想影响了他的情绪，因为这改变了他看待自己和自己职业的方式。

不冒风险，何以杰出

奥特马·安曼是一位生于瑞士并移居美国的工程师。他曾做过七年的纽约港务局总工程师，后升任为总监理。从各个角度来看，他都有着一份非常重要的工作。

但从记事起，安曼就梦想着成为一名建筑师。因此，他离开了这个令人艳羡的岗位并开办了自己的企业。在随后的几年中，安曼为美国贡献出一些令人惊艳的桥梁作品，包括韦拉札诺海峡大桥、特拉华纪念大桥以及惠特曼大桥。他卓越的设计能力以及构造富丽堂皇、复杂和夸张结构的能力让他荣获了诸多奖项。

而最令人印象深刻的是，安曼换行业那年已经60岁了。他完成了一件又一件大师级的作品，直至86岁高龄。在一个绝大多数人不愿冒险的年纪，安曼选择衡量和计算风险，并最终实现了儿时梦想。如果仅仅因为生活的舒适而不去冒险，我们将会失去很多机会。能否正确衡量风险并采取行动通常决定了你的人生是否能够与众不同。

情绪阻碍理性决策

在过马路之前，你需要有一定的恐惧感。那种恐惧感会提醒你过马路时要环顾道路两侧，这样就能减少遭遇车祸的风险。如果没有一点恐惧之心，你可能会非常莽撞。

但我们自身的“恐惧计量表”并不总是可靠的。它们有时会在没有风险的情况下预警。而当我们感到恐惧时，我们会以此思考，错误地认为：“如果我感觉这很可怕，那它一定存在很大的风险。”

这么多年以来，我们被太多的东西所警告，从杀人蜂到疯牛病。我们好像不断地从各种统计报告、学术研究中得知我们面临着诸多风险，这些研究让我们难以确定生活中真实的风险水平。拿癌症研究举例说明。一些研究估测每四例死亡中就有一例是因患癌造成的；而另一些研究显示，几年之后人们的患癌率会突破50%。尽管这类研究会让人们对癌症提高警惕，但与此同时也会让人产生误解。如果你仔细查看数据，就能发现一个健康的年轻人如果保持健康的生活方式会比超重并吸食香烟的老年人有着更低的患癌率。但在这些统计结果的狂轰滥炸下，站在合适的角度去衡量我们面临的风险是一件困难的事。

清洁产品制造商绞尽脑汁地说服我们应该拥有强效化学品，如洗手液、除菌香皂，来让我们免受细菌侵袭。媒体警告我们厨房的台面滋生着比马桶圈上还多的细菌，并播放细菌在培养皿里分裂繁殖的片段来强调他们的观点。对细菌极度害怕的人会非常留意这些警告，并采取极端的预防措施去和细菌战斗。他们会每天都用碱性化学品清洁他们的家，用抗菌产品不断洗自己的双手，把握手的动作换为碰拳以减少细菌传播。事实上，试图在和细菌的战斗中取得胜利是有害无益的。有研究表明，远离细菌会降低人类免疫系统的功能。一项来自霍普金斯儿童研究中心的调查发现，接触一定的细菌、宠物、皮屑、蟑螂的新生儿患哮喘和过敏症的概率都会降低。恐惧导致许多人错误地高估细菌带来的风险，在现实世界中，一个无菌的环境会对健康造成比细菌更大的威胁。

在做决策的过程中，感知自己的情绪是非常重要的。如果感到悲伤，你更有可能预期事情会失败从而逃避风险。如果感到开心，你有可能会对风险不管不顾，冲动行事。有些研究甚至显示，人们会对与风险完全不相关的事物产生恐惧感，这种恐惧感也会影响人们最后的决定。如果你的工作让你心力交瘁，你还想着购入一套新房子，相比工作没有压力时，买房这件事会给你带来更大的不安。我们通常不善于把不同的影响情绪的因素分开，而总是把它们混为一谈。

衡量风险并减轻恐惧

戴尔从未想到自己其实不用辞职就可以创业。当他找到降低破产风险的方法时，就会放松下来，并能够理性地思考如何把想法转变为现实。很显然，他面临着创业可能带来的财务损失风险，但思前想后，他认为自己愿意也有能力承担创业的风险。

平衡感性和理性

不要傻傻地相信焦虑程度能帮助你做出最终决定，你的感觉有可能相当不可靠。情绪波动越剧烈，思考的逻辑性就越差。提高对风险的理性思考能力意味着用理性中和你的情绪。

很多人对乘坐飞机感到恐惧。这种恐惧常常源于失控感。掌控飞机的人是飞行员而非乘客，缺失的控制感会导致人们的恐惧。很多航空公司潜在的客户会因为恐惧而选择自己驾驶车辆长途跋涉。但他们的决定完全是基于情绪而非理性的。理性和统计数据告诉我们，人们因车祸丧生的概率为五千分之一，而因飞机坠毁丧生的概率仅为一千一百万分之一。

如果你准备去冒险，尤其是当风险和你的人身安全相关时，你为什么不想拥有更大的赢面呢？然而，大多数人仅会做那些为他们带来最少焦虑的选择。把注意力放在你考虑风险时产生的想法上，确保你做出的决定是基于事实而非情绪。

绝大多数研究都显示，我们缺乏精确衡量风险的能力。可怕的是，我们的很多人生的重大决定都是在自己完全非理性的情况下做出的。

- **我们错误地评估自己对情况的掌控力。**如果我们认为自己有更多的掌控力，便会倾向于承担更大的风险。举例说明，大部分人会因坐在驾驶座而感到更自在，但这并不意味着这样风险更低。

· **具有安全措施让我们鲁莽。**当知道自己处于安全措施的保护下时，我们的行为会变得鲁莽，最终反而增加了风险。人们会因系上了安全带而开得更快。这一现象是由保险公司发现的，那些具有更好安全措施的车辆有着更高的事故率。

· **无法分辨技能和机会。**赌场工作人员发现赌徒在玩大小点骰子游戏时，他们的行为会因期望出现的点数而变得不同。当想要一个相对大的点数时，他们会很用力地掷出骰子。而当想要小一点的点数时，他们会很轻地掷出骰子。尽管这只是一个概率游戏，人们的行为表现却好像其中存在着一定的技术一样。

· **迷信影响行为。**不论是一个商业领袖谈判时穿幸运袜子，还是一个人出门前看看占星结果，这都是迷信影响人们对承担风险的意愿的体现。平均而言，在 13 日正好撞上星期五的日子里，坐飞机的乘客减少了 1 万人。而在那一天，从宠物收容所领走黑色猫咪的数量也降低了。尽管研究表明，大部分人相信十指交叉能增加幸运度，但在现实中，这和降低风险一点关系也没有。

· **当看到结果存在巨大的好处时，我们会更容易被骗。**虽然你赢的概率非常小，但如果你对潜在的大奖相当动心——请想象一下买彩票，那么你将会过于乐观地估计你的赢面。

· **越熟悉就越舒服。**我们冒险的次数越多，就越容易错误地估计一件事的风险程度。如果一次又一次冒险做了同样的事，你将不再把这件事看作有风险的。如果每天上班开车都会超速，你将大大低估超速的风险。

· **我们倾向于相信别人评估风险的能力。**情绪是会传染的。如果处在一群对冒起来的浓烟没有反应的人中，你可能会感觉自己没有面临那么大的危险。相对地，如果其他人开始恐慌，你很可能也会恐慌起来。

· **媒体会影响我们对风险的感知能力。**如果经常看新闻中关于罕见疾病的报道，你会认为自己患病的概率更高，尽管这些新闻报道的都是一些孤立事件。相似的是，如果一个故事讲述了重大自然灾害造成的悲剧，你就会感觉自己遭遇这些灾害的概率很高。

降低风险并提高成功率

每年高中的毕业典礼上，最优秀的学生都会被要求上台演讲。高三刚到一半，我就被告知要上台演讲。我对上台演讲的恐惧程度远超过我的成就感——我的绩点是班里最高的。那个时候，我极其内向，通常不会在班里讲话，虽然我在幼儿园时期就认识了班里的同学。一想到自己要站在演讲台上看着台下成排的听众演讲，我的腿都吓软了。

当准备演讲稿时，我无法下笔。一想到需要面对那么多人演讲，我完全对写稿心不在焉了。但我知道我必须写出稿子，因为时钟正在不停地嘀嗒作响。

常规的建议，如“想象台下的人都衣不遮体”或“对着镜子练习朗读”都不足以安抚我紧绷的神经。我真的吓坏了。

因此，我花了些时间去琢磨我为什么会害怕公开演讲。我发现我害怕的是听众的拒绝。我会忍不住描绘这样的场景：我做完了演讲，台下却寂静一片，可能是我口齿不清或内容太差，也可能是我表现不好。因此，为了降低这一风险，我和关系好的朋友们谈了谈，而他们为我制订了一个绝妙的计划。

这一计划放松了我紧绷的神经，让我能静心写稿。几周之后，当我站在毕业典礼的讲台上时，还是感到极其紧张。我的嗓子在整个演讲阶段都是破音的，不过我还是尽力做一个 18 岁孩子能做到的一切，为看台下的莘莘学子提供了建议。我终于还是熬过了这个艰难的时刻。当我完成演讲时，朋友们按照计划行事。他们一同站了起来，就像刚看了一场世界上最棒的摇滚演唱会似的，为我的演讲成功而庆祝。如果在一个房间里有几个人站起来鼓掌，会发生什么？其他人也会效仿。所有人都起立，我收获了大家热烈的掌声。

这是我应得的吗？也许吧，但也有可能不是。而在那个时刻，原因对我来说一点也不重要了。重要的是，我知道自己有能力克服没人为我鼓掌的恐惧，并顺利完成了演讲。

特定场合下，你感知到风险仅仅是你个人的反应。在群体面前致辞，对有些人来说是一种冒险行为，而对另外一些人来说也许并不算什么。你需要问问自己以下问题来计算你的风险水平。

· **潜在的损失是什么？**有时冒险的成本是可见的，比如你投资的金额。有时冒险的成本是无形的，比如拒绝给你带来的影响。

· **潜在的好处是什么？**积极思考冒险能为你带来的潜在好处。想想如果结果是好的，你能得到什么。你会不会挣到一大笔钱？改善关系？身体更健康？你需要有足以覆盖风险成本的回报。

· **这对我达成目标有什么帮助？**你需要仔细考虑自己的目标，想想风险会带给它怎样的影响，这是十分重要的。举例说明，如果你的目标是挣到更多的钱，那么在衡量风险时，你要思考创业对你赚钱会有什么帮助。

· **我还能做什么？**有时，我们在面对风险时错误地认为自己只有两个选择——冒险或不冒险。在现实中，通常其他的选择也可以帮助你实现目标。意识到存在其他可行的选项是十分重要的，这能让你做出的决定更加周详。

· **如果最好的情况发生了，我能变得多好？**花时间好好想想最好的情况，想想好的结果会如何影响你的生活，并以此建立合理的预期。

· **什么是可能发生的最糟糕的事情，我如何避免最坏的情况出现？**检验最差情况出现带来的后果，仔细思考如何最小化这样的风险发生，也是非常重要的。比如，如果你在考虑是否做一项投资，就要思考怎样做才能避免出现最差的情况，同时提高成功率。

· **如果最坏的情况出现，对我有什么影响？**就像城市有着应急防灾方案一样，建立一套自己的应急方案将会是你的一大助力，以防出现最坏的情况。

· **这个决定会在五年后对你产生什么影响？**为帮助你更客观地衡量风险，问问自己的冒险会如何影响未来。如果风险不大，几年后你可能都不会记得你现在的决定。如果这是个大风险，将会在很大程度上影响你的未来。

把你的答案写下来是有帮助的，你可以重复阅读它们。你需要多做些调研，尽可能多地收集信息，才不会因为没有足够的信息而错误地衡量了风险。如果有的信息你没有办法获得，请利用好手头的信息去做决策。

练习承担风险的能力

2007 年去世的阿尔伯特 · 埃利斯曾被《今日心理学》杂志称为“当

代最伟大的心理学家”。埃利斯最为人称道的是他的理论能够帮助他人挑战自我弱点。他不仅把知识教授给人们，自己更是身体力行。

青年时代，埃利斯曾是个非常内向的人，羞于和女性讲话。他对被拒绝有很强的恐惧感，所以他从未和女士约会过。最终，他意识到拒绝并不是世界上最糟糕的事，于是他决定面对恐惧。

在一个月里，他每天都会去当地的一家植物园。只要看到有女士单独坐在公园长椅上，他就会坐在她旁边。他强迫自己在坐下来的一分钟内开始一段对话。在那个月里，他一共获得了 130 次和女士谈话的机会。其中 30 位女士一看到他坐下就起身走了，但他还是可以和其余的 100 位女士谈话。在这 100 位他邀约的女士中仅有一人同意了他的请求，随后还没有在约会中出现。但埃利斯并没有感到绝望。相反，这磨炼了他的意志，让他了解到自己是可以面对拒绝的恐惧并承担被拒绝的风险的。

通过面对恐惧，埃利斯意识到非理性情绪导致了自己对冒险的更深的恐惧。了解了这些想法如何对自己的感受产生影响后，他创立了一种全新的心理治疗手段，帮助他人挑战非理性的想法。

和埃利斯一样，你需要密切关注风险给你带来的回报或后果。注意自己在承担风险前、中、后期的情绪变化。问问自己学到了什么，在未来决策的过程中把这些知识运用起来。

承担值得的风险使你内心强大

理查德·布兰森是英国维珍集团的创始人，他以善于冒险而著称。总之，在商业之路上你没办法不冒点风险就能够拥有超过 400 家公司。

他善于衡量和计算风险的能力显然让他赚得盆满钵满。

孩童时期，布兰森的学习很糟糕。因患有读写障碍症，他在学校里的表现糟糕透了。但他并没有因此泄气，少年时期就创办了一家投资机构。在 15 岁那年，他开始做起了鸟类繁殖的生意。

商业上的成功让他很快涉足其他行业，并拥有了唱片公司、航空公司和手机制造公司。他的商业帝国扩展到今天被估值为大约 50 亿美元。尽管可以轻松地坐在老板椅上享用成功的果实，他还是继续享受着挑战的感觉，他每天都会挑战自我，也会挑战他的雇员们。

布兰森在他为《企业家》杂志撰写的文章中写道："在维珍，我有两样绝活保证我们的团队行事不会循规蹈矩：打破纪录和冒险。冒险是一个伟大的方法，能够测试我和我的团队，让我们在享受过程中超越自我。"他的确做到了。他的团队创造了成功的产品，尽管之前没有人认为这个产品能取得成功。他们打破了所有人都说不可能被打破的纪录，他们接受了没有人愿意接受的挑战。但自始至终，布兰森都认为他冒的风险是经过"战略判断，而非盲目赌博"。

成功并不会主动找你，你需要自己追求它。迈入未知世界并谨慎衡量风险能够帮助你实现梦想。

解决之道及常见问题

密切关注你正在或准备承担的风险，细细体会风险给你带来的感受，并用一张纸写下你会因退缩而放弃什么样的机会。这个方法可以确保你是在为自己最大化的利益而承担风险，就算风险会让你产生一些焦虑。记住衡量和计算风险是需要练习的，通过练习，你将有所收获和成长。

有用的方法

注意观察冒险带给你的感受。

辨识挑战难度极大的风险类型。

认清影响决策的非理性思维。

学着实事求是。

在做决定之前花时间计算和衡量风险。

尝试冒险并不断反思，你能够不断进步。

无用的行为

根据感受做出决定。

逃避让你最害怕的风险。

让非理性思维阻碍你尝试新鲜事物。

当你缺乏足够的信息做出最佳决定时，忽略既定事实或拒绝寻找更多信息。

不花时间衡量风险就冲动行事。

拒绝让你感到不安的冒险行为。

CHAPTER 7 第七章

They Don't Dwell on the Past
不要纠结于过去

悲伤地停留在回忆里并不能抚慰伤痛，充实地度过每一天才能抹去伤疤。

——玛丽安娜·威廉森

格洛里亚是被医生推荐过来的，她是一个勤奋的55岁女人，怀疑自己有重度抑郁症。最近她28岁的女儿搬回来和她一起居住了，女儿自从18岁从家里搬走之后，前前后后回来过很多次。女儿经常约会不同的男朋友，几周后便会和男友住在外面。但女儿从没保持过长久的感情，总是在分手后就回来和格洛里亚住在一起。

格洛里亚的女儿处于失业状态并对找工作一点也不积极。女儿在家里的大部分时间都花在看电视或上网上面。对于帮家里做些家务活或保持清洁，女儿都显得毫不在乎。尽管格洛里亚感觉自己像是提供酒店服务的女佣，她还是很欢迎女儿回来和她一起住。

她总是觉得提供一处居所是她唯一可以为女儿做的事。她并没有给予女儿应得的童年，她也承认自己并不是一个好母亲。和前夫离婚后，格洛里亚约会过很多男人，其中的很多人并不是孩子的好榜样。格洛里亚现在才明白她没能好好教育子女，而是花了太多精力在饮酒或和男人约会上面了。她感觉是自己的过错导致女儿现在连生存都成问题。很显然，正是出于对子女教育亏欠的愧疚让女儿能够在家如此行事，女儿已经是一个成年人了。格洛里亚大部分的焦虑来自女儿不成熟的行为。她对女儿的未来深感忧虑，她希望女儿能够找到一份工作并独立生活。

我们讨论得越深入，格洛里亚就越发意识到正是那份愧疚阻碍她成为一个好母亲。她必须原谅自己的过去，这样才能做出对女儿最好的决定。我请她估计女儿突然有一天醒来就变得对窘境充满责任感的可能性时，格洛里亚承认这几乎是不可能的，但她就是不知道该做些什么。

在接下来的几周中，我们对格洛里亚的过去进行了研究。我们发现只要一谈论到女儿的童年，她就开始想："我真是个糟糕的母亲，我没能把女儿的需求当作重要的事。"或者是："女儿有这么多的问题完全是我的错。"我们一起对这些想法进行了深入的探索，慢慢地格洛里亚才意识到她的自我谴责是怎么影响她如今对待女儿的方式的。

格洛里亚开始接受这样一个事实：她并不是一个完美的母亲，但惩罚自己也没法改变过去。她也开始意识到现在对待女儿的方式不仅没有改善女儿的现状，反而加剧了女儿的自我毁灭行为。

带着崭新的态度，格洛里亚为女儿设立了一些规矩和限制。她告诉女儿，只有积极主动地找工作才可以继续留在家里和她一起生活。她愿意给女儿一些喘息的时间，但两个月后如果她想继续留在家里就必须付房租了。虽然女儿一开始对格洛里亚的新规矩感到愤怒，但几天后她真的就开始找工作了。

几周之后，格洛里亚来到诊室并骄傲地宣布她的女儿找到工作了。和以前女儿就职过的那些公司不同，这份工作是能够成为一项事业的。她看到女儿由内而外都在改变，由于这份工作，女儿开始对未来充满期待，也经常侃侃而谈了。尽管格洛里亚还是没有完全原谅自己的过去，但她意识到比成为一个糟糕了 18 年的母亲还要糟糕的是，继续做 18 年糟糕的母亲。

遗存在历史中

有时人们会对上个星期或多年前发生过的事耿耿于怀。以下情形有没有你熟悉的？

· 你希望自己能够按下回放键，这样你的人生就可以重新来过。

· 巨大的遗憾会一直让你感到不安。

· 你会花很多时间去思索：如果当初选择了不一样的道路，你的生活将会变成什么样。

· 你有时候会感觉人生最好的时光已经逝去了。

· 回忆会像电影一样不断在你脑海回放。

· 想象如果当初你说了不同的话，做了不同的事，结果会是怎样的。

· 自我惩罚，认为自己并不值得获得幸福。

· 过去让你感到丢脸。

· 你不断回忆犯过的错或经历过的尴尬。

· 花很多时间去想象“本应该”或“本能够”的事会有什么不一样的结果。

尽管自省是健康的，但它也有可能摧毁你，阻止你享受现在，计划未来。你可以选择停止沉迷于过去，随时开始新生活。

为什么会沉迷于过去

格洛里亚的女儿会捕捉到母亲的愧疚并借此操控她，不停地让格洛里亚想起自己在女儿的童年没有尽到的义务，让格洛里亚的内心一直充斥着遗憾。如果女儿都没有原谅自己，格洛里亚怎么可能原谅自己呢？她把保持愧疚的状态当作一种救赎，而后果就是她让自己继续深陷于过去。

迟迟挥不去的愧疚、羞耻和愤怒都会让你沉迷于过往而不可自拔。你会下意识地想："如果我能够在悲痛中坚持足够长的时间，最后我就一定能够原谅自己。"你甚至可能都没有意识到，在内心深处你都不相信自己能得到幸福。

前行的恐惧让我们止步不前

在我的母亲去世两周之后，房子着火了。火势被控制在了地下室，但浓烟和渣滓到处都是。家里从头到尾的每一样东西都需要被保险公司请来的保洁员清洁。母亲所有的遗物都需要经陌生人的手，这让我感到非常烦恼。

我曾希望母亲所有的东西都保持原样，希望她的衣服以原来的方式挂在壁橱里，希望她准备好的圣诞节装饰按照原有的方式放在箱子里。我希望有一天——很久以后的一天——我能穿过走廊打开母亲的首饰盒看看她最后一次是怎样放置珠宝的。但这对我来说太过奢侈了，她的每一样东西都被重新放置了。她的衣服闻起来再也不像是她的了，我也完全没办法知晓她读的最后一本书是什么，我再也没有办法按照我的速度来整理母亲的遗物了。

几年后林肯去世的时候，我又一次希望每一样事物都能保持原状。我觉得如果通过他放置衣物的方式，或是他读书的顺序，我可以更多地了解他，即便他已经去世了。我觉得如果遗物被搞乱顺序、丢弃，或是被重新归置了，我将失去宝贵的线索，无法探求与他相关的一切。

如果能不断发现关于他的新东西，我就能够一直让他留在身边并陪伴着我。也许在一张破旧的纸上我能发现一条留言，也许我能够找到一张我从未见过的图片。我期望能够创造和林肯在一起的新回忆，即便他已经不在了。虽然我们在一起已经超过六年了，但对我来说时间怎么都不够长。我并没有为放下他做好一丝准备，我觉得如果我丢失了遗物，就意味着把他抛弃了，而我并不想这么做。

但试图把一切都保持原状的行为并没有什么用处。显然，世界的转动是永不停息的。好几个月后，我终于可以平息对这件事的执念，就像把回忆锁在了时间胶囊中。慢慢地，我告诉自己丢掉一些有林肯字迹的东西也是可以的。我开始把一些他订阅的杂志丢掉。但我还是得承认，扔掉他的牙刷足足花了我两年的时间。虽然我知道他不再需要牙刷了，但不知为什么我总觉得扔掉他的牙刷就像是一种背叛。躲藏在回忆里是舒服的，但当世界不断变化和前行，你陷于过去不可自拔的行为对你来说既没有好处，也不健康。我必须相信自己，前行并不会让我遗失宝贵的记忆。

作为一个心理治疗师，我帮助他人用理性去思考问题，但我还是会因为悲伤而产生很多非理性的思绪。它让我对过去沉迷，因为只有那里才有林肯。但如果我把全部的时间都花在对过去的臆想上，我将没有办法再去创造崭新和美好的记忆了。

停留在过去让你逃避现实

沉浸在过去不仅仅是一件可悲的事，有时我们把沉溺于过去作为逃避现实的手段。也许在派对上你见过 45 岁的四分卫总是穿着高中时期的“战袍”，谈论着运动场上的“光辉岁月”；你还可能认识一个35 岁的朋友，她会自诩为“舞会王后”，因为这是她人生最大的成就。我们经常会美化我们的过去，以此逃避现实的问题。

举例说明，如果你和现任伴侣的关系并不融洽，或者现在还处于单身状态，你可能会思念你的旧爱。你可能会想如果维系了上一段感情，或是和初恋结婚了，你现在的生活就会好很多。

我们很容易设想如果“回到过去”，我们的生活就轻松和快乐多了。你甚至可能会后悔你做过的决定，因为你觉得它影响了你的现在，并说像这样的话：“如果我和前任结婚了，我现在一定会很开心”“如果我高中没有辍学，我就能喜欢上我的工作”“如果当时我不同意搬到这个城市，我肯定有一个美好的人生”。但真相是，我们无法知道如果我们没有那样做，生活会是什么样子的。但是我们就是会情不自禁地想“如果改变了过去，现在就会有多美好”。

沉溺于过去产生的问题

格洛里亚没办法把女儿看作一个有能力的成年人。她眼中满是自己的过失，愧疚感让她无法面对现实，并放任女儿不负责任的行为。不幸的是，女儿也不断重复着格洛里亚犯过的错。沉溺于过往不仅没能让格洛里亚发挥最大的潜能，也没能让女儿变成一个成熟和有责任感的人。

不论你怎么绞尽脑汁，都无法改变过去。把时间浪费在那些已经发生的事上面，只会为你的未来带来更多的问题，沉溺于过往无法造就最好的自己。

· **错过现实的美好**。如果你的思绪一直停留在过去，你将无法享受现在。如果往事让你分了心，你将错失现实的美好。

· **无法规划未来**。当你大部分的时间都处于沉溺于过去的状态，你将无法清晰地定义目标，迫使自己做出改变。

· **降低决策力**。如果你有未曾解决的问题，过去和现实的冲突会像乌云一样弥漫在你的思考过程中。如果你没办法让过去的事过去，你将无法做出最正确的决定。

· **无法解决任何问题**。脑海中不断地重复同一个画面，关注那些你早已失去控制的事情，解决不了任何问题。

· **产生抑郁情绪**。回想不好的事情会唤起当时负面的情绪，产生的悲伤会让你记起更悲伤的回忆。沉溺于过去让你陷入恶性循环，让你一直沉溺在相同的负面情绪状态中。

· **美化过去**。“记忆中的草更鲜绿”这种想法对现实一点帮助也没有。因为你会轻易地相信过去更幸福、更自信、更无忧无虑。你会很大程度地夸大过去的美好，同时放大现实中的不幸。

· **对健康有害**。一篇 2013 年俄亥俄州大学的研究显示，不停地想那些不好的事情会引发炎症，也会增加罹患心脏病、癌症和痴呆症的概率。

摆脱过去对你的禁锢

格洛里亚认为她应当从过去学习经验，而不是仅仅接受记忆的折磨。意识到这一点，她的思维方式转变了。随后，她的行为也发生了变化，她开始好好引导自己的女儿。回忆的过程帮助她意识到该如何教育子女。在几个月之后，她能够做到在回忆早年间教育女儿犯下的错误时不会表现出极大的愧疚。

改变你的想法

沉溺一开始只是一个认知的过程，但最终它会影响你的情绪和行为。改变对过去的看法，你就可以取得进步。

· **设置回忆的时长。**有的时候，我们的大脑需要一个梳理事情过程的机会，而你越告诉自己不要想什么，你的回忆越容易像庄稼一样在脑海中疯长。与其压制对回忆的冲动，不如告诉自己，我准备在晚饭之后再想这件事。用过晚餐后，给自己 20 分钟的时间去想。20 分钟一到，就去做别的事。

· **让自己有其他的事情想。**建立一个计划能够帮助你想其他的东西。比如，当你想着那份没有得到的工作时，你需要把自己的注意力放在计划假期的旅行上。如果你睡前因想烦心事而无法入眠，那么这将是一个非常有效的方法。

· **为未来设立目标。**如果你正在计划将来，沉溺于过去几乎是不可能实现的。设立短期和长期的目标并着手于具体实施步骤，这能给你前行的动力，也能让你避免过于沉迷过去。

我们的记忆并不像我们认为的那样准确。当我们回忆起不愉快的事情时，我们经常会把悲惨夸大。例如，如果在一个会议上你讲了事后觉得很后悔的话，那么在想象当时的场景时，你可能会感觉他人对待你的方式都是不友好的。当你回忆起不愉快的经历时，试试以下技巧。

· **关注那些能吸取的经验。**如果你经历过一段艰难的时光，回忆时你需要专注于从那段时光中学到了东西。承认事情已经发生，想想你因此变成了什么样的人，你知道这并不一定是一件糟糕的事。也许你可以从不公的对待中明白，你需要把自己的想法讲出来，或者懂得如果想让关系更长久你就得坦诚。人生最好的经验都来自那些你忍过的艰苦时光。

· **关注事实，而非情绪。**回忆那些不好的事情可能会让你非常痛苦，因为你倾向于把注意力放在消极的情绪上。试着回忆事情的细节，你的烦恼就会减轻。如果你沉浸在葬礼带给你的悲伤之中，把注意力放在葬礼的一些细节上，比如你坐在哪儿，穿的什么，都有谁参加。当你把情绪和事件分离，沉溺其中的可能性就降低了。

· **换个视角看问题。**当你检视过去时，想想怎么用不同的方式看待问题。你能够掌控并决定如何构思自己的故事。同一个故事可以用无数种方式去讲述，却仍然能够保证其真实性。如果现在故事的版本令你不安，就看看怎么能重新看待这个故事。举个例子，格洛里亚可以提醒自己，女儿现在的选择和其童年也不是完全相关的。这么想的话，她就可以认为尽管以前她犯了些错，但她并不用为女儿现在的状况负责。

与过去和解

在詹姆斯·巴里 6 岁时，他 13 岁的哥哥戴维遭遇了一场滑冰事故并丧生了。尽管他的母亲总共有 10 个孩子，但戴维是她最宠爱的那个。在戴维死后，母亲变得癫狂起来，并失去了对生活的应对能力。

因此，在巴里 6 岁的时候，他就开始做一切力所能及的事去抚平母亲的悲痛。他甚至会接管戴维的角色，以此来满足母亲因失去戴维而产生的空虚。他会穿上戴维穿过的衣服，并学着像戴维那样吹口哨。

他成了母亲寸步不离的陪伴者，并献出了整个童年只为博母亲一笑。

尽管巴里的行为让母亲感到非常幸福，她还是会经常警告他长大成人的痛苦。她告诉巴里绝不要长大，因为成人的世界充满悲伤和痛苦。她说，在她得知戴维去世的消息时甚至松了一口气，因为戴维不会再长大了，也就不用面对成人的世界了。

为了取悦母亲，巴里尽其所能拒绝成熟。他尤其不希望自己看起来比戴维当时去世的年纪要大。他用尽一切办法维持孩子的样子，这些办法甚至影响了他的生长发育，因为他仅长到 5 英尺（约 1.52 米）高。

完成高中学业后，巴里希望成为一个作家。但他的家庭强迫他进入大学学习，因为那是戴维本来应该去做的事。因此，巴里找到了一个折中的方案——他会去上大学，但得在文学专业学习。

巴里开始创作一些著名的儿童文学作品，如《彼得潘：不会长大的男孩》。一开始这本书是为戏剧撰写的，后来拍摄成了一部著名的电影。主角彼得潘面对的是纯真童年和成人责任的冲突，他最终选择留在童年世界，并鼓励其他孩子也这样做。作为一个传奇的童话，这看起来很像一个愉快的儿童故事。但当你知晓作者的经历时，那些趣闻事实上是悲惨的故事。

在失去孩子后，巴里的母亲无法面对现实。她告诉自己，童年是她最美好的时光，现实和未来只会被痛苦和悲伤占据。作为一个停留在过去并逃避现实的极端例子，她影响了自己本该健康成长的孩子。她的行为不仅影响了巴里的童年，还影响了他的整个人生。

对于悲痛的错误理解会让我们选择停留在过去。很多人会错误地认为悲伤的时间越久就证明爱得越深。如果去世的不是你很关心的人，你可能会悲伤几个月。而如果去世的是你真正深爱的那个人，你可能会在随后的几年甚至是余生都感到无比悲伤。但真相是，世界上并不存在所谓“正确的”悲伤时长。事实上，就算悲伤了几年或一辈子，你也无法证明你很爱他。

我也希望你能拥有很多和爱人的甜蜜回忆。但前行意味着积极努力地创造新的记忆，做出最好的决定，不要总是做着别人想要你做的事。

如果你发现自己经常沉溺在一段回忆中，那么你需要采取一些与过去和解的措施，以下是一些能帮助你的方法。

· **允许自己向前走**。有的时候，你所需要的仅仅是允许自己向前走。前行并不意味着你必须放弃对爱人的记忆，而是意味着你可以全心全意地享受现在，尽己所能收获人生的幸福。

· **关注沉溺于过往给你造成的精神损失，并与向前走做对比**。有时沉溺于过去是一种策略，能帮助你暂时缓解压力，但对你的未来一点作用也没有。如果你一直怀念过去，你将无法注意到现实世界发生了什么。从长期来看，这会造成严重的后果。你需要考虑沉溺于过往会让你在现实世界中错过什么。

· **练习去原谅他人**。不论你是因为被深深伤害，还是因为无法原谅自己而沉溺于过往，原谅都能够治愈你的创伤。但原谅不意味着忘记发生过的事。如果有人伤害了你，你可以原谅他们并永不相见。选择原谅他人，你就不会再沉浸在悲痛和愤怒中。

· **改变造成沉溺于过往的行为**。如果你发现自己在逃避一些活动——因为你担心可能会激起那些不好的回忆，或是你觉得自己没资格享受开心——不要多想了，直接去参加吧。你无法改变过去，但你可以选择去接受它。如果犯过错，你也没办法回去修正或抹去它。你也许能够慢慢修复你造成的破坏，但这也没办法让一切都好起来。

· **如有需要请寻找专业心理医生为你提供帮助**。有时候，创伤性事件会导致心理疾病，如创伤后应激障碍。例如，经历过濒临死亡的时刻可能会引起你出现幻觉或做噩梦，让你与过去和解的难度提高。专业的咨询能够帮助你减少创伤性记忆造成的痛苦，进而帮助你朝着未来大步前行。

与过去和解使你内心强大

温诺娜·沃德是在佛蒙特州的乡村长大的。她的家庭很贫困，和同一地区其他家庭一样，家庭暴力是常见的。沃德的父亲经常会虐待和性侵她，她也经常看到父亲痛揍母亲。尽管医生会治疗母亲的伤势，邻居也会听到她们的尖叫，但就是没有人介入。

沃德把自家的问题隐藏得很深。她强迫自己遨游于知识的海洋，在学校获得了非常优异的成绩。她 17 岁的时候离开家并结了婚，她和她的丈夫都成了长途货车司机。

沃德在驾驶货车游历了美国 16 年后的某一天，突然得知她的哥哥对一名年轻的家庭成员进行了虐待。就是在那个时刻，她决定要站出来做些什么。她决定重返校园，这样她就可以帮助亲人剿灭虐待的恶习。

沃德被佛蒙特大学录取，丈夫开车，她就在一旁学习。获得学位后，她到佛蒙特大学法学院继续深造。得到法学学位之后，她用奖学金成立了名为“让公正传递”的组织，并为生活在乡村、家里存在暴力行为的人们提供服务。

沃德为遭受家庭暴力的女性受害者提供免费的法律援助，也为她们接洽合适的社会机构。很多家庭都因缺乏资源或交通工具没办法出现在她的办公室，沃德通常会驾车登门造访。她对那些家庭里的成员进行法律教育，以终结这种家暴传统。她并没有停留在她可怕的过往中，而是选择了尽己所能帮助现实中的人们。

拒绝沉溺于过往并不意味着假装过去什么事都没发生。它意味着拥抱和接受你的经历，这样才能让你活在当下。这样做可以释放你内心的能量，并让你能够规划自己的未来。你的未来要基于你是谁，而不是你曾经是谁。如果你不小心的话，愤怒、羞耻和愧疚就会掌控你的人生。把负面情绪释放掉，你便掌控了自己的人生。

解决之道与常见问题

如果你把目光一直集中于后视镜，就没办法看清前行的路。被回忆的沼泽羁绊，你将无法拥抱未来。当意识到自己沉溺于过往时，你需要按照步骤采取具体措施，调整你的情绪状态，这样你就可以前行了。

有用的方法

恰当地回顾过去，并从中提炼经验和教训。

向前走，即便过程很痛苦。

积极地与悲痛斗争，这样才能聚焦现实，筹划未来。

对于过去发生的事，关注事实，而非情绪。

找到和过去和解的方法。

无用的行为

假装过去的事没有发生。

不允许自己前行。

总想着你失去的东西，而非现在可以得到的东西。

不断回忆悲伤的事，还专注于当时的感受。

尝试抹掉过去的记忆，或弥补过去的错误。

CHAPTER 8 第八章

They Don't Make the Same Mistakes Over and Over
不要犯同一个错误

唯一的错误就是我们没有从错误中学到什么。

——约翰·鲍威尔

当克丽丝蒂来到我的诊室时，她说的第一句话是："我有一个大学文凭，我能够控制自己不朝同事大吼大叫。但为什么我就是没办法停止朝我的孩子们吼叫？"每天早晨她都会承诺不再朝她的两个孩子大吼大叫，但几乎每天晚上她都会对至少一个孩子大发雷霆。

她告诉我，她会大吼大叫是因为每当孩子们不听她的话时，她就会感觉到非常沮丧。她 13 岁大的女儿经常拒绝做家务，而她 15 岁大的儿子写作业很不专心。每当克丽丝蒂结束了一天繁忙的工作，拖着疲惫的身躯回到家时，她总会看到孩子们在看电视或打游戏，她便立刻要求孩子们去忙正事。但孩子们经常会顶嘴，而克丽丝蒂就会情不自禁地展现她的"狮吼功"。

克丽丝蒂显然知道吼叫对孩子们并不好，她知道这么做只会使情况更糟。她认为自己是聪慧、成功的女人，并为此感到骄傲。因此当她试着教育孩子，却发现自己力不从心时，她感到异常惊讶。

克丽丝蒂参加过很多次治疗，她想探究自己为什么会一次又一次地犯同一个错误。她发现自己并不知道除了吼叫以外管教孩子的方法。因此，除非找到新方法，她就不能控制自己停止吼叫。所以，我们一起商议制定了一些对付孩子的策略，以此应付孩子们不尊重他人和公然挑衅的行为。克丽丝蒂决定以后她会先警告孩子们，如果孩子们还是没有尊重她的要求，就让他们接受相应的惩罚。

此外，她还需要学习如何意识到自己愤怒的情绪，这样她就可以在发怒之前离开那个场合。她的失败总是因为她不冷静，并把理智抛在脑后。

我进而帮助她寻找新的为孩子们重塑纪律性的方法。当她第一次来诊室时，她认为让孩子们遵从指令是她的责任所在。如果孩子们没有服从她，就意味着孩子们取得了胜利。但像这样的教育方法通常都会惨遭失败。当克丽丝蒂放下所谓的胜负心时，她立马对纪律产生了全新的看法。如果孩子们不遵从她的指令，她会面无表情地拿走他们身边的电子产品，迫使孩子们顺从。

克丽丝蒂在教导子女方面的确练习了很久。虽然有时她仍然感到无法控制自己的怒气，但现在她有了其他的教育方法。每次发现自己又犯老毛病了，她能够立刻反思自己发怒的原因，并找到方法让自己下一次不再大吼大叫。

重蹈覆辙

尽管我们都倾向于相信自己会从错误中吸取教训，但真相是，几乎所有人都会在某个时刻重蹈覆辙。人生来如此。错误可以是行为上的，比如上班迟到，也可以是认知上的，比如总是假设他人不喜欢你，或从不提前计划事情。虽然有的人会说“下一次我不会对事情直接下结论”，但如果不小心，他们还是会重复错误的想法。以下有没有让你感觉很熟悉的？

· 当你试着去完成目标时，总是卡在同一个点上。

· 当你遇到障碍时，你并不愿意花时间去琢磨新的方法来克服它。

· 你发现自己很难戒除一个坏习惯，因为你总是回到原来的生活方式上。

· 你不愿花时间去研究为什么自己总是失败。

· 你没办法摒除坏习惯，因而对自己很愤怒。

· 虽然有时你会说“我再也不会做这样的事了”，但发现自己还是会重蹈覆辙。

· 探索新方法会消耗你很多精力。

· 你经常会因为自己缺乏纪律性而感到沮丧。

· 只要你感到不适或愤怒，做事的动力就消失了。

有时我们就是不长记性。重复犯错会导致我们无法达成目标，而遵循具体的行动步骤能帮助我们避免重蹈覆辙。

为什么会重蹈覆辙

除了感到沮丧，克丽丝蒂从未真正思考自己大声吼叫的原因，也没有思考怎么教育孩子更有效。一开始，她很犹豫要不要用新方法管教孩子，因为她担心剥夺孩子们的特权会让他们更加愤怒，更不尊重她。对此她必须充满自信，认同自己的教育方式，这样才能避免犯同样的错。

如果有人说“我再也不会这么做了”，但究竟为什么这个人还会一而再再而三地做同样的事情呢？真相是，我们的行为是复杂的。

在相当长的一段时间里，教师们达成的共识是：如果孩子猜错答案，那么孩子会有牢记错误答案的风险。举个例子，如果以前某个孩子猜过 4 加 4 等于几的答案是 6，那么再次做题时即使答案做对了，他还是会回忆起数字 6 才是正确答案，并认为自己做错了。因此，为防止这样的情况出现，教师们会提前把答案告诉孩子们。

一个在 2012 年《实验心理学》杂志上刊登的研究显示，只要被试有机会学习到正确答案，他们就能够从之前的错误中吸取教训。事实上，研究者发现即便被试得到的是错误的答案，只要他们做题时用心思考，当错误被纠正时，他们记住正确答案的概率就会提高。孩子和成年人一样，只要给予机会就能从犯过的错误中吸取教训。

尽管有研究证明人类能够从错误中学习，但完全忘记小时候学过的东西是很难的。成长的过程可能教会你把自己的错误藏起来比面对其后果更明智，学校也不是唯一教我们如何应对错误的地方。有的明星、运动员经常被媒体描绘为喜欢掩饰错误的人。面对犯下的错误，他们会通过撒谎把自己置身事外，拒绝认错，即便有证据显示他们真的错了。而当我们否认犯错时，我们不太可能会反省并吸取教训，这让我们很容易受到错误的影响并重蹈覆辙。我们都听过这样的话：“我忠于自己的选择……”说着类似这种宣誓的话却拒绝承认自己犯了错，都是因为面子上挂不住。

执念也是重蹈覆辙的重要因素。投资一个糟糕项目的人可能会说：“好吧，我已经投入这么多资金了，我也只能继续持有了。”与其损失一小笔钱，他宁愿承担更大的风险，这是因为他过于固执。鄙视自己工作的职员可能会说：“我已经被这份工作套了十年时间，我可不想就这么离开。”但比起把十年时间浪费在不健康或低效的事情上，更糟糕的事就是这么过第十年零一天。

冲动是另一个重蹈覆辙的原因。尽管“掸掉身上的尘土，重新回到马背上”是很明智的做法，但你更应该在下次骑马之前，知道自己为什么这次跌下了马背。

你有没有发现自己陷入了困境，没完没了地犯同一个错误？你可能是太想留在舒适圈了。一个女人可能会在刚结束一段糟糕的感情后就进入另一段糟糕的感情中，因为这是她唯一所知的情感模式。那些男人有着相同的社交圈、相同的毛病，之所以选择他们作为约会对象，是因为她缺乏信心跳出自己的舒适圈并寻找更好的男人。类似的是，一个男人可能会在有压力时喝很多酒，因为他不知道如何清醒地解决问题。避免重蹈覆辙，开始尝试做不同的事情，会让你感到很不舒服。

还有一些人会对获得成功感到不适，并亲手摧毁自己的努力。当事情进展顺利时，等待结果的过程会让他们备感焦虑。为了缓解这样的焦虑，他们会像以前那样做出自毁式行为并重蹈覆辙。

重蹈覆辙产生的问题

克丽丝蒂明白每天朝孩子们大吼大叫是没有用的。她并没有传授给孩子们正确解决问题的方法，孩子们还因此认为吼叫是一种可以接受的行为。她越是对孩子们吼叫，孩子们就越不听从管教。你见过狗狗不停地追自己的尾巴而转圈圈吗？这就是你重复犯错的样子。你会精疲力竭，却原地打转。

朱莉第一次来到诊室时告诉我，她对自己感到很愤怒。在过去的一年间，她减掉了40磅（约18.14千克）体重，但最近六个月，这些肉慢慢地全部长回来了。而这个情况也不是第一次出现了。在过去的十年间，她好几次成功减掉40磅体重，但最后还是反弹回来了。自己花了这么多时间和精力去减肥，但最后体重还是会反弹，这让她感到非常沮丧。

只要成功减掉一点体重，她就会放纵自己，允许自己晚上加一顿餐或吃个冰激凌。她还会找借口在体育锻炼上偷懒，省略掉几个应该做的项目。在她意识到这些问题之前，体重就已经回升了。因此，她很快会产生自我厌恶感，并想："我怎么可能连自己的身体都控制不了呢？"朱莉的遭遇显然不是个例。事实上，统计数据显示，大部分人在成功减肥之后，体重还是会反弹。减肥是一项艰巨的任务。那么，为什么有人会在经历过减肥的痛苦后还允许自己把肉长回来呢？这是因为人们一旦开始犯错，便不断重复错误，最终导致体重回升到原有水平。

重复犯错会引起很多问题。

· **无法达成目标**。不论你正在减肥还是经历第十次戒烟，如果重复犯错，你将无法达成目标。你会被同一个障碍击败而无法前进。

· **无法解决问题**。你会陷入恶性循环。当你重复犯错时，问题根本得不到解决，而你做的事情可能都是在绕圈圈。如果不选择不同的方法，你将无法真正解决问题。

· **质疑自我**。你可能会觉得自己没有担当，或因为无法跨越障碍而感到自己失败得很彻底。

· **不再努力**。如果前几次的尝试都失败了，你可能会选择放弃。

当你不那么努力时，你成功的可能性就更低了。

· **让监督你的人灰心丧气。**如果总是被同一障碍阻拦，你的朋友和家人可能会对你的抱怨感到厌烦。更糟糕的是，如果你需要依靠他们把你从困境中解救出来，重蹈覆辙的行为可能会破坏你们的关系。

· **你可能会建立非理性的价值观，为犯错找借口。**如果你不去反思自己的行为是怎么造成相应的结果的，你可能会得出这样的结论："我注定是这样的。"一个经历痛苦减肥过程却失败的超重者可能会这样说："我的骨架很大，注定不是小个子。"

避免一而再再而三地犯错

在发现自己陷入困境后，为打破吼叫的习惯，克丽丝蒂首先需要反思她的教育方式是否合适，进而想办法解决问题。她知道孩子们在一开始可能会对她制定的新规则进行试探，在制定策略找到控制情绪的方法前，她没有办法在不发脾气的情况下教导孩子们。

从错误中学习

19 世纪中期，罗兰·梅西在马萨诸塞州的黑弗里尔开了一家纺织品店。尽管这家店设立在比较偏僻的位置，很少有人路过，更别说消费者了，但他还是坚信这家店能够得到大家的关注。但他错了，很快店就开不下去了。为了吸引顾客，他计划举行盛大的游行，聘请行进乐队，吊足了大伙的胃口。游行会在他的门店前终止，一位从波士顿远道而来的著名商人会进行一场演讲。

不幸的是，游行那天酷暑难耐，没有人愿意走出家门跟随行进乐队参加游行。错误的市场策略让他损失了一大笔钱，最终商店还是关门了。

但罗兰是一个能够从错误中吸取教训的人。短短几年后，他在纽约市中心创办了“梅西百货”。这是他的第五家商店，而前面四家商店都失败了。但每一次失败，他都学到了一些新东西。当他开办梅西百货的时候，他已经掌握了很多商业和市场运营的经验。

梅西百货现在已经是世界上非常成功的百货公司了。和罗兰第一次在炎热的夏天举办游行不同，梅西百货会在每年凉爽的秋季举办“梅西感恩节游行”。这不仅吸引了大批街边的行人参与，更是在电视上收获了 4400 万观众的观看。

罗兰并没有为自己第一次商业活动的失败找借口。他研究失败的原因并承担了应负的责任，进而能够把得到的教训应用起来，并帮助自己在下一次面对问题时采用不同的方法。

如果你希望自己能避免重蹈覆辙，那么花一些时间研究自己为什么失败吧。把你的负面情绪剥离出去，找到导致失败的原因，并从中总结出经验教训。找到正确解释错误原因的方法，不要为错误找借口。问问自己以下问题。

· **哪里错了？**花一些时间回顾你的错误，尝试找出导致失败的因素。比如，你每个月的开支都超过了预算，也许是因为你无法抵御购物的诱惑。再如，你不停和伴侣因同一问题产生争执，也许是因为你们没有真正解决问题。问题在没有得到解决之前是不会自行消失的。想想是什么样的想法、行为和外部因素让你犯错。

· **我怎么才能做得更好？**反思时，看看你怎么才能做得更好。是不是因为你没办法长时间坚持做一件事呢？举个例子，也许你每次在减肥两周后就会选择放弃，这可能是因为你为偷懒找了太多的借口，结果使你无法维持一个高效的减肥计划。请诚实面对自己。

· **下一次我可以做些什么不同的事？**口口声声说自己不会再犯错和真的做到不再犯错是完全不同的两件事。想想下一次你可以采取哪些不同的方法让你不再重蹈覆辙。制定策略，避免重犯自己的老毛病。

制订计划

大学实习期间，我在一家药物和酒精康复中心工作。很多来参加项目的人都有过滥用药物或酒精成瘾的经历。每次来到康复中心，他们都会因为自己没办法停止饮酒或滥用药物而垂头丧气。但在随后几周的集中治疗后，他们的态度明显能够得到改观。他们变得对未来充满希望，并下定决心绝不会走自己的老路。

但是在出院之前，他们需要一个明确的戒除计划。这一计划就是为了保证他们在出院之后能够继续保持对康复的积极心态。为避免重拾以前的习惯，他们在生活习惯上需要做出一些相当严苛的改变。

对于他们中的大部分人来说，这意味着他们需要找到新的社交圈，他们不可以再回到滥用药物或重度饮酒的朋友身边。有些人还需要换个工作。养成健康的习惯可能意味着结束不健康的关系，也意味着在有聚会的时候参加康复组的会议。

每一个组员都需要用笔在纸上写下能够帮助他们时刻保持清醒的计划。能成功康复的人都在严格遵循他们的计划。而那些走回老路、旧病复发的人都无法抗拒诱惑而重蹈覆辙，这仅仅是因为他们重新回到原来的环境里，发现有太多的诱惑了。不论你想避免哪种错误，成功的关键就是制订好的计划，白纸黑字的计划能够提高你遵循它的可能性。

按照以下步骤来写一份计划，这样能帮助你避免犯同样的错误。

1. **用新习惯替代老习惯**。为替代缓解压力的过度饮酒行为，你可以选择散步或给朋友打电话。你需要知道什么样的健康行为能够帮助你避免重复那些不健康的行为。

2. **留意重蹈覆辙的标志**。能够辨识重蹈覆辙的标志是非常重要的。如果你又开始用信用卡购物，你可能得想想乱花钱的习惯是不是又回来了。

3. **找到方法让你保持责任感**。当你对改变保持责任感时，隐藏或忽视错误就显得困难多了。和你信任的朋友或亲人谈谈，让他们指出你的错误，使你保持责任感。你也可以通过把进步写进日记里的方法来帮助自己保持责任感。

练习自律

自律并不是要么有，要么没有的。每个人都有能力去提升自律性。对一袋薯片或几个饼干说“不”需要自制力，当你不想去锻炼的时候同样需要自制力。持之以恒才能保证你不在偏离的轨道上继续犯错。

以下是一些你在练习提升自律时需要记住的事。

- **练习忍受不适感**。不论是在孤独的时候想去联系对你不好的前任，还是在饥饿的时候对甜食垂涎欲滴，你都需要练习忍受这些不适感。人们经常这样劝慰自己：“我就来这么一次。”人们觉得破一次戒并没有什么，而研究却给出了相反的结论，因为每一次放弃都会降低你的自控力。

- **积极与自己对话**。切合实际的赞扬能够使你在最艰难的时刻抵御住诱惑。试着说这样的话，“我能做到”或“我做得棒极了，离目标越来越近了”。这些都能帮你保持在正轨上。

· **铭记目标**。把注意力放在目标的重要性上，可以帮助你减少被诱惑的可能。如果把注意力放在还清车贷的愉悦感上，你就不会受到冲动消费的引诱，从而保持你的财务健康。

· **为自己设立限制**。如果你知道自己会因为和朋友出去玩而过度花钱，下次出去就少带一些现金。如果不是不可能做到的话，让自己花钱变得困难些，这样能够抵御一部分的诱惑。

· **列明你不想重蹈覆辙的所有原因**。把这张列表随身携带，当你想打破原来的规矩时，读读这张纸。这可以提升你抵御诱惑的动力。举个例子，列出你需要在晚餐后散步的原因。当你想看电视而不去散步时，读一读列表，这能让你重拾信心并出门散步。

从错误中学习让你内心强大

在 12 岁那年辍学后，米尔顿·赫尔希开始在一家印刷厂打工。但是很快他就意识到自己对印刷业一点也不感兴趣，所以他选择去糖果冰激凌店工作。在他 19 岁时，他决定开一家属于自己的糖果店。他得到了家里的资助，并顺利让糖果店开张了。但是在随后的几年中，公司的业务并不理想，最后他不得不宣布破产。

创业失败后，他去了科罗拉多州，想进入那里蒸蒸日上的银矿产业寻求致富之路。但他去得太晚了，找工作是一件很难的事。最后他在糖果店找到了一份工作，也就是在那时，他学会了使用鲜奶去制作美味的糖果。

赫尔希来到纽约并开了一家糖果店。他希望用自己学到的技术和知识帮助他的第二家糖果店取得成功，但由于匮乏的资金和激烈的竞争，他的努力又一次失败了。这时候，家里许多资助他创业的亲人都开始回避他。

但赫尔希并没有放弃。他回到宾夕法尼亚州开了一家焦糖公司。他在白天制糖，晚上就用手推车在街上兜售糖果。最终，他成功地接到了一个大订单，并以此向银行申请了贷款。一收到货款，赫尔希立刻还清了贷款并创办了“兰开斯特焦糖公司”。很快他就变成了百万富翁，也成了当地非常成功的企业家。

他继续缔造着自己的商业帝国，并开始制作巧克力。1900 年，他卖掉了悠漫焦糖公司并创办了一家巧克力厂。赫尔希夜以继日地改进他的巧克力配方。很快他就成了唯一能在美国大规模生产巧克力的人，他生产的巧克力被售卖到世界各个角落。

在第一次世界大战时，糖类制品是稀罕物，所以赫尔希在古巴建立了一家炼糖厂。但随着战争的结束，糖果市场崩塌了。赫尔希又一次陷入财务危机。他向银行申请了贷款，并且不得不把全部财产抵押出去。尽管如此，赫尔希还是让自己的企业重新回到正轨并在两年内还清了贷款。

他不仅建立了一家生机勃勃的巧克力工厂，还建立了一座充满活力的小城。尽管处于大萧条时期，赫尔希还是能够保证员工的就业岗位。他在城里构建了一系列建筑物，包括学校、运动场和酒店。新的工程项目录用了很多人。他不仅在商业上非常成功，也是出了名的慈善家。赫尔希从错误中学习经验的能力帮助他把失败的糖果店变成了世界上最大的巧克力公司。即使在今天，那个在宾夕法尼亚州被称为赫尔希的城市依然被赫尔希的“好时之吻巧克力”形状的路灯所装点，每年吸引了超过 300 万游客前去观看赫尔希巧克力工厂是如何把巧克力豆变成巧克力的。

不要把错误当成很糟糕的事，你可以把它视作改进自己的机会，这样就能把足够的时间和精力放在确保你不会再次犯错上。事实上，内心强大的人经常会和他人分享自己犯过的错，来提醒自己不要重蹈覆辙。

在克丽丝蒂的例子中，当她能停止朝孩子大吼大叫时，她内心的石头终于落了地。她明白了孩子们有时破坏规矩是正常的，而她有选择如何回应的权利。她觉得没有了相互吼叫，家里变得欢乐多了。当克丽丝蒂停止重复她教育上的错误并给孩子们以有效的管理时，她感到能够掌控自我了。

解决之道及常见问题

解决一个问题通常有多种方法。如果你现有的方法没有奏效，试试新的方法。从每一个错误中学习要求你有自知之明并保持谦逊，这可以成为你开发自己最大潜能的最重要因素。

有用的方法

明确自己在每个错误中应负的责任。

写下一个能够防止你重蹈覆辙的计划。

找出犯错的原因，并能辨识出重蹈覆辙的征兆。

通过练习变得自律。

无用的行为

找借口或拒绝承担属于你的责任。

冲动地做决定，并不考虑其他可行的方法。

把自己置身于有很高失败率的情境。

幻想自己总能够抵御诱惑，或是认为重蹈覆辙是必然的。

CHAPTER 9 第九章

They Don’t Resent Other People’s Success
不要嫉妒他人的成功

嫉妒就像自己喝下毒酒，希望能以此毒杀敌人。

——纳尔逊·曼德拉

丹和他的家人经常参加邻里间的社交聚会。他们居住在一个邻里间很友好的社区中，大家会经常在各自的后院举办烧烤活动，家长们也会经常参加其他家孩子的生日派对。他和他的妻子也会时常举办派对。不论怎么看，丹都是一个友好和外向的人。他有间漂亮的房子和一份令人羡慕的工作。他还有着一位可人的妻子和两个健康的孩子。但是丹有自己的秘密。

他其实很鄙视去参加派对，因为他会听到类似迈克尔的晋升或比尔新买了车这样的消息。邻居能够支付一次昂贵的旅行或购买市场上最好的玩具等事让丹感到非常愤怒。在妻子辞去工作并在家相夫教子之后，家里的财务状况一直很紧张。丹会试图让他们的财务状况看起来比较良好，但这样的行为让丹在财务的泥潭中越陷越深。事实上，他对妻子隐藏了这个秘密，妻子对自家的财务状况并不知情。但是丹认为继续装模作样并不计成本地与邻居进行“财务大战”是必要的。

丹决定去寻求帮助，因为妻子说他需要为他火暴的脾气做些改变。丹一开始来到诊室的时候并不认为治疗能够对他产生效果。他说他知道自己易怒的原因，他总是感到非常疲惫，因为他不得不长时间工作来付清账单。

我们聊了聊他的财务状况，我也询问了为什么他会觉得长时间工作是被迫的。一开始，他把长时间工作归咎于邻居的行为。他说他们会炫耀自己拥有的好东西，这迫使他必须跟上节奏。当我温柔地问他为什么他感到是被强迫的时候，他承认他不是必须这样，而是他想要这样做。

丹同意再参加几次治疗。在之后的几周治疗中，他对邻居的嫉妒变得显而易见。我们一起探究了他对邻居产生愤怒的原因，丹揭示出了这样的事实：他在一个贫困的家庭里成长，所以他非常不想让他的孩子度过和他一样的童年。他曾被嘲笑和欺负，因为他家没办法给他买贵一点的衣服或其他孩子都有的玩具。因此，现在的他会因为自己能够跟上别人的步伐，为家庭提供与邻居相比较为优越的生活条件而感到自豪。

在他的内心深处，与家人一起度过的时光可比拥有很多财产有意义多了。而我们越多地谈论他的生活方式，他就越觉得自己恶心。他清楚自己宁愿多花些时间陪伴在家人身边，也不想加班加点地工作只为了能给他们购买没用的东西。慢慢地，丹开始改变对自己行为的看法，把注意力集中在自己的目标和价值上，而不再关注邻居的消费水平了。

丹的妻子最终还是和他一起参加了治疗，他也对妻子坦白，有的时候他会借钱去还账单。可以理解的是，他的妻子听到丹的坦白后表现得十分震惊。丹也和妻子分享了他的新计划：按照他的价值观来生活，而不是只和邻居进行攀比。她表示出对计划的支持，也同意监督丈夫对计划的执行。

丹花了巨大的精力去改变他对自己、邻居和整个生活状态的看法。但当他停止和邻居攀比时，他能够开始把注意力放在那些对他非常重要的事物上，对他人也没有那么嫉妒了，与此同时，他的火暴脾气也好多了。

嫉妒到眼红

嫉妒可以被形容为："我想拥有你有的。"而对他人成功的憎恨会被变成"我想拥有你有的，而且我不希望你拥有它"。短暂的或偶尔的嫉妒是正常的，但憎恨可不是什么健康的情绪。以下说法有没有你听起来耳熟的？

· 你经常和身边的人比较财富、地位和外表。

· 你会对那些支付得起更好东西的人产生嫉妒。

· 你很难聆听别人成功的故事。

· 你认为自己取得的成绩应获得更多的赞扬。

· 你担心别人会把你看成一个失败者。

· 你感觉有的时候好像不论你多么努力，其他人看起来都更成功一些。

· 能够实现梦想的人让你感到恶心，而非愉悦。

· 和比你挣钱多的人在一起是难受的。

· 你对自己没那么成功感到尴尬。

· 有的时候你会暗示别人，你比看起来更成功。

· 当一个成功的人遭遇了不幸，你会暗自开心。

如果你对他人的成就抱有憎恨，这可能是基于你非理性的思维，并导致你有不合逻辑的行为。你需要花时间把注意力集中在取得成功的方法上，而不是嫉妒他人的成就。

为什么会憎恨他人的成功

尽管憎恨与愤怒是相似的，但愤怒时，人们会表达出自己的感受。而憎恨时，人们经常会隐匿起感受。像丹一样的人会为隐藏真实的感受而戴上面具，做出伪善的行为。在笑容的背后是强压怒火的憎恨和愤怒。

丹的憎恨源自一种对不公平的看法。有的时候，不公平是真的，而另一些时候，不公平是想象出来的。丹对邻居挣到很多钱而感到自己被不公正地对待。他的注意力都在别人拥有更多的钱、更好的东西上面，他会因邻居让他感到贫穷而在内心谴责他们。如果在一个没那么富裕的社区里生活，他就会感到更富足。

觊觎他人的成功经常源于内心深处的不安全感。当你为自己难过的时候，很难为朋友的成功感到开心。如果处于很不安心的状态，他人的成功会放大你的短处。当你错误地假设他们是因为运气好而取得了财富时，看到自己的运气实在不佳，你就会变得刻薄起来。

如果不清楚自己想要的是什么，你就会更容易对他人拥有的一切产生憎恨。一个并不想要那种需要经常出差的工作的人，可能会因看到朋友经常坐国际航班出差而想：他太幸运了，我也想这样。与此同时，看到另一个朋友创办了自己的企业，但因为太忙而不能出差或旅行，他还是会对朋友的生活充满渴望，并想：我多希望我能和他一样啊！这两个朋友的生活方式截然不同，你要明白你没法同时过上两种生活。

大部分人实现目标或取得成就是因为他们花了大量的时间、金钱和努力，如果忽视这一点，你可能会对他们的成就产生憎恨。你可以很轻松地对一个专业运动员说："我希望我可以像你一样。"但是，你真的想吗？你想要一起床就开始长达 12 小时的训练吗？你真的希望全部的收入都依赖于会随着年龄增大而不断衰退的运动能力吗？你真的希望需要保持身形而放弃喜爱的食物吗？你真的希望因为训练放弃和亲朋好友相聚的时间吗？

觊觎他人成就产生的问题

丹对于邻居的憎恨影响了他生活的每个方面——他的职业、消费习惯，甚至和妻子的关系。这严重影响了他的情绪，并使他无法和邻居在聚会中相处得很愉快。他还把自己置于一个恶性循环中——他越是和邻居比拼，就越是憎恨他们。

你对他人的看法并不准确

你几乎没办法知道大门的后方有什么。丹看到了邻居的成功，但他对邻居可能遭遇的经历完全没有概念。他还是会仅凭所见而憎恨他们。

憎恨的感受可以完全来自你对别人刻板的印象。也许你相信“富人”都是邪恶的，或者你觉得“企业主”都是贪婪的。这些偏见会让你对一些你根本就不认识的人产生憎恨。

2013 年，一篇名为《他们的痛苦，我们的快乐：刻板偏见与幸灾乐祸》的文章揭露了这样的现象：人们不仅憎恨一个“富有的专业人员”，被试还会因为他人的不幸而感到快意。研究者为被试提供了四张不同的照片——一位老人、一个学生、一名吸毒者和一个富翁。研究者会把这四张照片和不同的场景放在一起播放给被试看，并研究其大脑的活动。他们发现，被试会在富翁和惨景一同出现时表现得最为快乐，比如富翁被出租车溅了一身的水。事实上，被试也会为四种人取得成功而感到开心，但此景产生的愉悦感可没有看到富翁与惨景一同出现时那么强烈。这一切都来自“富人都是坏的”这一刻板偏见。

如果不小心的话，憎恨和嫉妒能够轻易让你的人生付出代价。

· **你将无法专注于走自己的路。**越是花时间关注别人的成就，你越是缺少时间完成自己的目标。你对他人的敌意只能使你分心，并减缓你进步的速度。

· **你再也不会满足于已经拥有的。**如果总是在追赶他人的脚步，你对已经属于自己的东西将无法保持心静如水。如果试图走在所有人前面，你将永远无法让自己满意，因为总有人更富有、更有魅力，更不要说有的人看起来已经拥有了一切。

· **你将忽略自己的能力和天赋。**你越想去做别人正在做的事，就越缺少时间去磨炼自己、苦练技术。幻想着其他的人都缺乏天分并不能让你的天分提升。

· **你会丧失价值观。**憎恨会让人们做出一些极端的行为。看到他人拥有你没有的东西，并因此感到愤怒异常，你将很难保持自己的价值观。不幸的是，憎恨常常会导致人们做一些他们平常不会做的事——比如破坏别人的努力，或是大额借贷以追赶他人的消费水平。

· **你会损害关系。**当你憎恨他人时，你和他之间将无法维持一个健康的关系。憎恨会让你在交流中不喜欢坦诚地表达自己的观点，嘲讽和怒气都会被隐藏在微笑面具的后面。当你隐藏着对他人的积怨时，将不可能保持一段真挚和单纯的关系。

· **你可能会开始自吹自擂。**一开始你可能会模仿别人的行为，并努力跟上他的节奏。但如果那人的成就大到令你黯然失色，你可能就会开始吹嘘，甚至编造自己取得的成就。经常让别人感受到被“优于”或被“完胜”一点都不会使他人愉快，但满含怨气的人通常会极度渴望能够证明自己，从而做出像这样的事。

消减嫉妒心

丹对他人成就的憎恨已经失去了控制，所以他不得不停下来考量自己的生活。当他开始用自己的语言去解释成功——多花时间陪伴家人，或者按照自己的价值观来抚养孩子——他就能够不断提醒自己：邻居的好运并不会阻碍自己对目标的追寻。

为了应付不安全感，丹必须直面挑战自己的观念。他曾这样对自己说：如果我没办法给孩子买最好的衣服或邻居小孩都有的玩具，我的孩子就会受到欺负。

但他逐渐意识到，几乎每一个孩子都曾经被嘲笑，即使为他们提供了物质上的满足也无法保证这样的事情不会发生。现在，他能够做到不再执拗地满足孩子们的一切要求了。他突然意识到，他的行为可能在无意间让孩子产生了物质依赖，而这并不是他希望看到的，于是他就把重点放到陪伴孩子上了。

改变所处环境

我曾对一个有很多问题的患者治疗了几个月的时间。他会对孩子们大吼大叫，也会辱骂妻子。他一天会抽好几次大麻，每周会因为喝酒而断片儿多次。他待业在家已经六个月了，并在财务上陷入了窘境。

他还会经常性地和愿意帮助他的人争执不休，却抱怨上天对自己很不公平。一天，他来到诊室对我说：“我感觉糟透了。”我以他为荣，回答道：“这太好了！”他看起来十分迷惑，对我说：“你为什么要这么说？你知道你的职责是帮助我重建自尊心吗？”我向他做了解释，基于他现在的行为表现，自我感觉不好实际上是一个健康的信号。接下来，我需要做的事就是帮助他变得好起来。当然，一般来说我并不会如此鲁莽地评价别人，但我和他已经认识了一段时间，我们之间的关系也比较融洽了，所以我知道他能够忍受听到这些话。

在接下来的几个月中，我有幸见证了他的成长和改变。而在临近治疗的尾声时，他的自我感觉非常良好，这可不是他在自欺欺人。他取得了收入，戒除了滥用药物和酒精的恶习，并非常努力地友善对待他人。他的婚姻质量也因此得到了改善，和女儿们的关系也好多了。当开始按照自己的价值观行动时，他感到由内而外的喜悦。自我感觉不好事实上是一个指标，提醒他想想是不是需要做些改变了。

如果你对自己的感觉很不好，去探寻背后的原因非常重要。是不是你没有按照健康的价值观去生活？如果你的情况也是这样，尝试做些不同的事，做那些符合自己价值观和目标的事情吧。

改变态度

如果你已经按照自己的价值观和目标来行事了，但仍对他人的成就感到憎恨，那么你可能存在一些非理性的想法阻碍了自己欣赏他人的成就。如果不停想着这些话，如“我笨死了”或“我比别人差远了”，你很可能会因看到他人的成功而感到愤怒。你不仅会很不理智地看待自己，也可能会对他人抱有非理性的成见。

2013 年的一项研究——《对脸书的愤怒：用户满意度的隐形威胁》解释了为什么有的人会因为浏览他人的脸书页面而感受到负面情绪。研究者发现人们会对朋友们分享的旅行照片产生愤怒和憎恨，他们也会因为朋友于生日那天收获了很多个“赞”而感到愤怒。可怕的是，研究还表明，那些浏览了脸书网站并产生负面情绪的人，对现实生活也会产生不满。难道现在的世道变成这个样子了？我们会对自己的生活产生不满，仅仅是因为看到别人的脸书主页收到了很多个“赞”，或是看到朋友们能够去旅行。

如果你发现自己在憎恨他人，可以用以下技巧来改变想法。

· **避免和他人做比较**。把自己拿来和他人对比就像你拿苹果和橙子做比较。你有属于自己的天赋、技能和人生阅历，与他人比较并不能准确地衡量你的价值。相反，你应该和曾经的自己做比较，衡量一下你成长了多少。

· **意识到自己的偏见**。面对新面孔，不要因为固执的偏见而先入为主地评价他人。不要假设他人拥有财富、名望或其他什么让你感到嫉妒的东西。

· **不要强调自己的弱点**。如果你的注意力在“自己没有什么”上，你就会因为别人拥有的一切而满怀憎恨之情。你的注意力应该放在自己的长处、技能和能力上。

· **不要放大他人的优点**。夸张地认为别人的所作所为十分伟大，并关注他们拥有的一切，常常会导致你的憎恨之情。记住每个人都有弱点、不安全感和问题，即使是那些成功人士。

· **不要轻视他人的成就**。轻视别人的成就只能成为憎恨情绪的养料。你应该避免说这样的话：“他的升职根本就不算什么，因为他是托了朋友，打通了关系才晋升的。”

· **不要试图定义公平。**别让自己的关注点放在不公平的事情上。不幸的是，有的人确实是通过作弊才上位的，有的人也是因为幸运女神的眷顾而成功的。但如果你花在思考“谁才值得成功”上面的时间越多，你做有益事情的时间就会越少。

关注合作而非竞争

在我的实践中，我见过很多斤斤计较的夫妻追寻着“公平”。我也见过很多老板会怀恨自己的下属，因为他们取得了成功。

如果把人生中遇到的每一个人都当成竞争者，你会总关注输赢。如果总想着怎么打败而不是帮助他人，你将无法建立健康的关系。花些时间仔细看看哪些人被你视为竞争者。或许你想变得比你最好的朋友更有魅力，或者希望比你的哥哥更有钱，你要知道把他们视为竞争者的行为会让你们的关系变得很不健康。如果你把他们当作你队伍中的一员又会怎么样？把你周围怀揣技术和天赋的人联结在一起对你来说是一件很有利的事。如果你有一个富有的哥哥，别试着去和他一样买贵的玩具给孩子，为什么不听听他在财务上的建议呢？如果你有一个关注健康的女邻居，为什么不让她分享一些食谱呢？谦逊能够奇迹般地改变自己和他人的感受。

我们从上一章得知，米尔顿·赫尔希的成功是基于他从错误中吸取教训的能力，而他对别人取得成功的包容心同样帮助他在商业之路上走了很远。他的原雇员H.B.里斯在同一个城市也开了一家糖果公司，他却没有因此憎恨里斯。里斯用自己在赫尔希的巧克力工厂学习到的知识投资了属于自己的糖果厂。几年后，里斯发明了一种巧克力花生酱圆筒，并用赫尔希的工厂作为牛奶巧克力的供应商。

尽管赫尔希很容易就会把里斯当作自己的竞争对手，因为里斯从他的巧克力行业中不断攫取客户，但他们还是保持了良好的关系，并在同一个城市贩卖糖果类产品。事实上，在他们两位去世之后，赫尔希巧克力集团和里斯糖果公司合并成了一家公司。直至今日，里斯的花生酱圆筒依旧是好时巧克力最受欢迎的产品之一。很显然，这个故事本可能有着完全不同的结局，而这两人在商业生涯中也一直保持了友善和合作的态度。

当你能够为他人的成就感到开心而非憎恨时，你就有能力吸引到成功人士。处在一群为达成目标而努力工作的人们中间，能够为你提供诸多的好处。你会获得动力、灵感和足够的信息来帮助你完成远征。

定义属于自己的成功

尽管很多人会把成功等同于金钱，但并不是每个人都会对财富充满渴求。也许你对成功的定义是用时间和技能来回馈社区。如果你不需要工作太久，能够省下时间去帮助急需帮助的人们，这样的事会不会让你感觉很棒？如果你对成功的定义是这样的，就完全没有必要去嫉妒那些挣了很多钱的人，因为你们的价值观是不一样的。

如果有人说："虽然我拥有了我想要的一切，但我就是不快乐。"这是因为他们并没有得到他们真正想要的东西。他们活在了他人对成功的定义中，而没有面对真实的自我。看看丹，他曾努力让家人拥有和邻居一样的物质条件，但这并没有让他感到开心。相反，他之所以做出让妻子辞职并照顾家庭的决定，是因为他们不认为更多的钱能让他们感到幸福。但丹迷失了方向，才开始模仿起邻居。

为了建立对成功的定义，有时你最好能够用宏观一些的方法去看待你的人生，不要把目光仅放在你现在的处境上。想象一下，自己正处于人生的最后阶段，你正在回顾你的人生，以下哪些问题能够让你感到内心平和？

· **你一生的最大成就是什么？**你最大的成就和金钱相关吗？是你对他人的贡献，还是你建立的家庭？是你建立的企业，还是你活出了不一样的人生？

· **你怎么才能达成目标？**有没有证据能够表明你达成了目标？别人有没有说过他们欣赏你的成就？你的银行账户能不能证明你挣过很多钱？

· **你曾经运用金钱、时间和天赋做过最好的事是什么？**你人生中哪一段记忆对你来说可能是最重要的？你做过什么让自己感到骄傲和充实的事？

把你对成功的定义写下来。如果你对努力朝着目标奋斗并取得成功的人产生了怨恨，提醒一下自己，你对成功的定义是什么。每个人取得成功的路径都不尽相同，对你来说非常重要的是：认识到自己取得成功的道路是独特的。

试着庆祝他人的成功

如果你正在努力定义自己的成功，并说出你的不安全感，你就可以为他人庆功而不再感到憎恨了。如果你知道你和别人没有在为同一目标竞争，你也就不会认为别人的成功会使你看起来很糟糕。不论别人是挣到了更多的钱，还是做到了你做不到的事，你都会由衷地为他人实现了里程碑式的成就而感到开心。

彼得·布克曼是个庆祝他人成就者的典范，尽管从某种角度来看，他应该是满怀怨恨的。他是一个自称“连续创业者”的企业家，参与了很多成功企业的创立。他曾经创立了一家后来被称作 Fusion-io 的公司，这是一家计算机软硬件系统公司，并为像脸书和苹果一样的公司提供服务。他花了三年半的时间让公司度过了艰难的时期，却被告知投资人和董事会有着和他不一样的愿景。因此彼得被赶出了公司，并眼睁睁地看着很多他曾聘请的人变得非常成功。

事实上，Fusion-io 后来成了一个 10 亿美元规模的公司，并在彼得离开后为创始人挣了 2.5 亿美元。彼得没有因为前公司取得了成功而感到怨恨，相反，他很开心地看待这件事。他承认很多人认为他应该感到愤怒，因为这个企业是他创立的，而且后来变得那么成功，但他已经被赶走了。当我问他为什么没有感到一丝愤怒时，他回答道：“我没看到他们的成功从我手里偷走了任何东西。我很高兴能够尽自己的一份力，并期待他人能在自己的帮助下实现梦想，不论结果是否符合我的利益。”彼得没有把生命中的任何一秒钟浪费在怨恨他人的成就上，反而乐此不疲地庆祝别人实现梦想的时刻。

拥护他人的成就让你内心强大

人人都说赫布·布鲁克斯是一名在高中和大学时期出色的冰球运动员。他于 1960 年成为美国奥林匹克冰球队的成员。在奥运会举办前的一周，布鲁克斯成了最后一个被淘汰出局的球队成员。他看着队友在没有他的情况下赢得了美国在奥运会冰球项目上取得的第一枚金牌。他没有因为被胜利之师筛选出局而表示愤怒，而是走到教练面前说："好吧，你肯定是做了最正确的选择——你赢了。"

在这种情况下，尽管很多人都会选择放弃冰球事业，但布鲁克斯并没有放弃。他继续征战 1964 年和 1968 年奥运会。但他效力的球队所取得的成绩再也没能实现当年的辉煌，他的职业生涯没有终结于此。退役后，他当了教练员。

在大学联赛里做了多年的教练员之后，他被美国奥林匹克冰球队雇用了。当他挑选球队成员时，会选择那些能够和队员更好合作的选手。他并不希望任何一个球队成员试着偷走比赛的亮点。布鲁克斯的球队在 1980 年的奥运会上算是一匹黑马，他们面对的是在七年里拿走了六次胜利的苏联冰球队。在布鲁克斯的指挥下，美国队最终以 4 比 3 的比分击败了苏联队。这一令人震惊的冷门被赞誉为"冰上奇迹"。之后他们再接再厉并于决赛击败了芬兰队取得了奥运会金牌。

布鲁克斯在队伍刚取得胜利之后就从摄像机镜头中消失了，他并没有和队员们一起庆祝胜利。后来他对记者讲，他希望把冰场留给他的队员们，因为他们值得拥有这一切，他不想偷走队员们的镁光灯。

布鲁克斯不但没有憎恨他人的成功，还努力地帮助他们。他并不想强迫任何人与他分享成功，谦逊地把一切荣耀都归于他人。"书写属于你的历史，别去读他人的成功学羊皮书。"这是他和队员说过的名言。

当你不再对他人的成就感到怨恨时，你就可以全力以赴地朝着你的目标前行。你会因为自己的行为符合价值观而对成功产生渴求，你也不会看到那些靠作弊上位的人就感到被冒犯。

当丹开始依照自己对成功的定义而努力时，他感受到了内心的平和。他没有再和邻居攀比，并开始和自己竞争。他希望挑战自己，做得一天比一天好。和例子中的丹一样，用一种真挚的态度去生活是人们取得真正成功的重要因素。

解决方案与常见问题

在你过得顺风顺水的时候，不太容易去憎恨他人。但生活有的时候可能会让你感到步履维艰。这个时候，你很难控制自己不对他人产生憎恨。你需要咬着牙控制你的情绪，尤其是当你还在苦苦追寻目标，却看到别人实现了梦想的时候。

有用的方法

定义属于你的成功。

用理性思考代替会产生怨恨的负面情绪。

为他人的成就而庆祝。

专注于自己的特长。

选择和他人合作，而不是竞争。

无用的行为

追寻别人的梦。

认为别人的生活是非常美好的。

经常性地把自己和身边人做比较。

轻视他人的成就。

把每个人都当成竞争对手。

CHAPTER 10 第十章

They Dont't Give Up After the First Failure
永不放弃

失败是成功的一部分。逃避失败的同时也错过了成功。

——罗伯特·清崎

苏珊来到诊室咨询，她说她觉得自己的人生没有想象中的圆满。她有着幸福的婚姻，和丈夫育有一个两岁大的漂亮又可人的女儿。苏珊有一份稳定的工作，她在地方学校的前台上班，和丈夫的财务状况也很优良。苏珊说她感到自己很自私，因为她并没有体会到一种幸福的感觉，虽然她心里知道自己有一个很好的人生。

在前几次治疗时，苏珊表露了自己一直以来都想做一名教师的想法。高中毕业后，她进入大学学习教育学。尽管她所在的学校离家仅有几个小时的车程，她却疯狂地想家。她曾是一个极度内向痛苦的孩子，很难交到朋友。她发现课程的内容很难，超出了她的能力。所以还没上完第一个学期，她就退学了。

回到家后，她很快就在当地的学校找到了一份前台的工作，并一直坚守在那里。尽管在她心里这并不是一份完美的工作，但她觉得这是最接近教师岗位的工作了。在和苏珊谈话的过程中，她很明显地展露出对成为一名教师的渴望，但她并没有足够的自信去追寻梦想。

当我首次和苏珊谈起重返校园的话题时，苏珊坚持说她的年龄太大了。但当我拿出一份近期的报纸，上面的头版头条讲述了一位 94 岁老人取得高中文凭的故事时，苏珊改变了她的观点。我们花了几周的时间讨论了重返校园会遇到什么样的困难。她说她就是觉得自己不是做大学生的料。总之，她失败过，并确信她的智商并不能帮助她通过大学里的考试，而且她觉得自己离开校园的时间太长了。

在接下来的几周中，我们探讨了她对失败的看法。我问她如果第一次失败了，她会不会再一次失败呢？我们发现苏珊有一个明显的特点——如果没有在第一次尝试时获得成功，她就会放弃。如果没有入选高中女子篮球队，她就会从此放弃体育活动。如果减肥后的体重回升 15 磅（约 6.8 千克），她就会彻底放弃减肥。列明这些情况让苏珊意识到她的观念影响了自己的行为。

与此同时，我鼓励她去大学里转转，看看有没有什么可以选择的课程，即便她不再计划回到校园。大学在 15 年间有了巨大的变化，她很开心地发现原来自己可以有如此多的选择，她完全可以不去做一个全职的学生。在考虑了几周后，她报名参加了几门线上课程。她非常兴奋地发现，这些课程并不会占用她很多和家人在一起的时间，她完全可以成为一名半脱产学生。

参加课程后不久，她宣布自己找到了曾经丢失的东西。一门心思朝着一个专业目标前进好像刚好为她提供了一个满足自己挑战欲的机会，很快她就结束了治疗。带着对失败的全新看法，苏珊对未来充满了希望。

如果一开始你没有获得成功

有的人会因为一次失败而在下一次尝试时充满动力，但也有的人会选择放弃。以下几点有没有让你产生共鸣？

- 你担心自己会被他人认为是失败的。
- 你只会选择参加那些你觉得自己可能会擅长的活动。
- 如果第一次尝试没有做到很好，你很有可能不会再尝试了。
- 你相信最成功的人是因为他天赋异禀。
- 你认为很多事物不论怎么努力，你永远都学不会。
- 你的自我价值感和是否取得成功显著相关。
- 对失败的恐惧会让你心神不宁。
- 你倾向于为失败找借口。
- 比起学习新技能，你宁愿不断夸耀你已经拥有的能力。

失败并不意味着结束。事实上，大部分成功人士会把失败看作通向成功的漫漫长路上的起点。

为什么会放弃

苏珊和我们许多人一样，认为如果自己失败了一次，下一次最可能出现的结果还是失败，因此她不愿再下功夫了。尽管知道自己的人生缺了一部分，她也从来没有想过重返校园再去试试，因为她认为自己并不是“做大学生的料”。苏珊的例子并不少见，大部分人都有可能在经历第一次失败后选择放弃。

我们在第一次失败后，恐惧感往往是导致我们不愿再次尝试的核心因素。然而，并不是每个人对失败都有着相同的恐惧感。有的人可能担心自己会让父母失望；有的人可能觉得自己很脆弱，担心再次失败会让自己心碎；有的人试着隐藏他们的失败；还有的人会千方百计为自己的失败找借口。有一个学生虽然已经投入了很多时间和精力为考试做准备，但他可能会说："我都没办法拿出足够的时间去准备这场考试。"他这么说仅仅是因为他想掩盖自己没有答好题的事实。另一个学生则可能会向家长隐瞒考试成绩，因为他对于没有做好卷子感到羞愧。

在其他一些例子中，我们会用失败来定义自己。对苏珊来说，学业上的失败意味着她没有足够的聪明才智；一次商业上的失败对于有的人来说可能意味着他并不是当企业家的材料；有的作家会因为发行著作的失败而下结论说自己是个糟糕的作家。

放弃也可以是一个习惯性的行为。可能在你还是个小孩子的时候，你的母亲会帮助你完成你第一次尝试却失败的事情。也可能在你告诉老师说自己不会做数学作业的时候，她会把答案直接告诉你，这让你无法学会靠自己去解决问题。甚至对很多成年人来说，他们总是期待有人能够出现并把自己从困境中解救出来，这是一个很难打破的习惯，也很可能让他们在第一次失败时选择放弃。

很多人选择放弃是因为他们对自己的能力有着固执的看法。他们不认为自己能够改变天赋，所以失败之后他们并不会改进做法并再次尝试。他们相信如果自己没有与生俱来的天赋，学习什么都是没用的。

放弃尝试带来的问题

苏珊经常这么想："我没有成为教师的聪明才智，我也没有能力帮助我的学生，因为我就是一个失败者。"类似这样的想法阻止她达成自己的目标，也让她从来没有想过自己还有可能回到学校学习。如果你和苏珊一样在第一次失败后就放弃，你将错过很多出现在你人生中的机会。失败可以是一种很棒的经历，但你必须从中吸取教训并再次尝试。

你很难不经历一次失败就获得成功。以希奥多·盖索举例，他被称为“苏斯博士”，而他的第一本书曾被超过 20 家出版社拒绝，但他最终完成了 46 本世界上最著名的童书。这些书有的被制作成电视节目，有的被拍成了电影，还有的被改编成了百老汇音乐剧。如果他在第一次被出版社拒绝后就放弃了，那么他那具有独特写作手法的儿童作品将不会为这个世界上的儿童带来几十年的欢笑。

第一次失败后就放弃很可能会变成自我应验的预言。你每一次的放弃都会加固“失败是糟糕的”这种想法，它会阻止你再进行一次尝试。对失败的恐惧感也会影响人们学习的能力。1998 年，在《人格与社会心理学》上发表的一篇文章中，研究者对照了两组小学五年级的实验对象：所有孩子都参加了一项非常难的考试，考试后其中一组会被夸奖“你们很聪明”，而另一组会被夸奖“你们很努力”。当孩子们看到自己的分数时，他们各有两个选择——他们可以看分数比他们高的人，也可以选择看分数比他们低的人。那些被夸聪明的孩子倾向于看那些分数比他们低的人，这样他们就可以维护自尊心。而那些被夸努力的孩子倾向于去看那些分数比他们高的人，这样他们就可以从自己的错误中吸取教训。如果害怕失败，你将不太可能从失败中吸取教训，也不太可能再去尝试。

不要放弃

当苏珊意识到失败一次并不意味着会再次失败时，她开始对重回校园产生了信心。当她开始像能够在失败后站起来的人一样去行事时，她就对实现梦想满怀希望。

警惕退缩的想法

托马斯·爱迪生是历史上最多产的发明家之一。他拥有 1093 项专利，涉及从各种产品到背后推动产品发展的系统。他的一些广为人知的发明包括：电灯泡、有声电影和留声机。但并不是他的每一项发明都取得了广泛的成功。你可能从来也没听说过电子笔或者什么幽灵机器，而这些仅是他诸多失败的发明中的一小部分而已。

有一点爱迪生是明白的，他知道他的很多发明注定是会失败的。当他发明了一个东西时，不论是无法运转还是无法被市场接受，他都不会觉得自己很失败。事实上，他把每一次失败都当作一次宝贵的学习经验的机会。根据他在 1915 年出版的自传，一个年轻的助手说他工作了好几周都没有看到结果，因而感到非常羞愧，爱迪生回答说："朋友，我已经得到了很多种结果！我已经知道了上千种不可行的方法了。"

如果在失败一次后就拒绝再次挑战，那么你很可能会对失败形成一些既不准确又无益的想法。这些想法会影响你思考的方式、感受，并让你再次走向失败。以下是研究者对毅力和失败的研究结果。

· **坚持不懈的努力比你的天赋重要。**尽管我们经常认为一个人要不然是天赋异禀，要不然是芸芸众生，但大部分天赋其实是可以通过不懈的努力来弥补的。研究表明，在数十年如一日的锻炼后，人们能够在国际象棋、体育运动、音乐和抽象艺术这样需要天赋的领域超越一般人的水平。在 20 年的不懈努力之后，那些没有天赋的人能够获得世界级的成就。但我们经常会觉得如果我们没有生来就拥有的天赋，就再也不可能获得成功。这一想法会使得你在锻造出能取得成功的能力前就把一切都放弃了。

· **毅力比智商更能预测一个人的成功。**很显然，并不是每一个拥有高智商的人都能取得很高的成就。事实上，智商并不是一个人是否能够获得成功的指标。毅力，为长期目标提供充满激情的努力，是一个人能否获得成功更精准的指标。

· **把失败归结于能力的匮乏会让你习惯于无能为力。**如果你认为你的失败是因为你的某种能力不足，并且你没办法提高那种能力，那么你就会产生无能为力的感觉。你不会在失败后再次尝试，你或者会放弃，或者会等着别人来帮你解决问题。如果觉得没办法改善自我，那么你很可能不会试着变得更好。

不要让那些对你能力评估不准确的想法变成你成功路上的绊脚石。把你通向成功的过程看成一场马拉松，而不是短途冲刺。接受这样的想法：失败是帮助你学习和成长的过程。

改变对失败的看法

如果你认为失败是糟糕的，那么在你已经失败一次之后，你会很难再鼓起勇气去试着做一次。以下是一些关于失败的想法，会让你丧失再次尝试的信心。

· 失败是不可接受的。

· 不是彻底成功，就是彻底失败。

· 失败永远都是我的错。

· 失败是因为我做得不好。

· 人们会因为失败而讨厌我。

· 如果我没办法第一次就把事情做好，那么第二次我也不能做好它。

· 我不够优秀，所以无法取得成功。

对于失败非理性的想法会让你在第一次失败后选择放弃。试着用更现实的想法去替代它们，把注意力放在你的努力而非结果上。当你尝试去完成一项艰巨的任务时，你要把关注点放在你可以从中学习到什么上。你可以学到新东西吗？即使第一次失败了，你可以通过这次失败的尝试改善你的技术吗？关注可以学习到什么经验能够让你更容易接受这样的事实：失败仅是通向成功的过程中的一部分。

自我同情，而非强烈的自尊心，是你能发挥潜能的重要因素。如果你对自己过于严苛可能会让你顺从于“我从来都做得不够好”这样的想法，如果你对自己过于宽容又可能会让你习惯于找各种借口，而自我同情刚好撞在平衡点上。自我同情意味着用一种友善且现实的态度去看待你的失败。它意味着懂得每个人都有缺点，当然自己也包含在内。失败并不会降低你对自己的评价。当你带着对自己的同情心去做事时，将会意识到自己总有成长和进步的空间。

2012 年，一篇名为《自我同情提升改进动机》的文章中提到了一项实验：一群考试不及格的学生被允许再参加一次考试，一组学生将会被教授以自我同情的态度去看待失败，而另一组学生会被教授如何增强他们的自尊心。研究结果显示，那些学会以自我同情的态度看待失败的学生比另一组学生多花费 25% 的时间去学习，并取得了更好的成绩。

避免把你的自尊心和高成就关联在一起，否则你就不愿意冒险去做你可能会遭遇失败的事。用以下现实的想法去替代非理性的想法。

· 失败是成功的一部分。

- 我能面对我的失败。
- 我能从失败中学到东西。
- 失败表明我正在挑战自我，而我能够选择再来一次。
- 如果我愿意，我就有足够的能力去征服失败。

面对你的失败

我的公公罗布是那种很会自嘲，并不断向他人讲述他失败故事的人。但我并不认为他觉得那些事情是失败的。事实上，我确信如果那些事被编成了一个个好故事，他肯定认为他的冒险是一种成功。

我脑海中蹦出了一个他在 1960 年做飞行员的故事。他曾经开着私人飞机为人们提供飞行服务，就像空中出租车一样。有时他会把从商业航班上下来的人送到他们最终的目的地。有一次，他接待了一位很富有的商业巨擘。那时候，机场的安保制度很宽松，他能够在停机坪上等候从商业航班上下来的客人。

绝大部分私人飞机的飞行员会在那里拿着一个写着客户姓名的牌子等候，但那可不是罗布的作风。当乘客们从飞机上走下来时，罗布会和他们握手并说："欢迎你，史密斯先生。我是你今天的飞行员。"史密斯先生回答说他实在是太荣幸了，因为罗布一看到他就把他认出来了。但史密斯先生不知道的是，罗布实际上和每一个走出机舱的男人都握了手，并说了完全相同的话："欢迎你，史密斯先生。"如果有人看起来非常困惑并回答说自己并不是史密斯，罗布会轻松地走到下一位先生面前，直到他最终找到史密斯先生。

如果在欢迎别人时叫错了名字，我觉得大部分人都会觉得尴尬，随后可能会变得害羞起来。但罗布不是。他还是会开心地握着陌生人的手，叫着错误的名字，他知道他最终一定会找到史密斯先生的。他并不惧怕一次又一次失败，直至成功。

如果你习惯了失败，它就变得越来越不可怕，尤其当你认识到失败和拒绝并不是你可能经历的最糟糕的事。

失败后再次前行

如果你第一次努力并没有取得成功，花些时间想想究竟发生了什么，看看你该如何做才能取得进步。如果你在一些对你来说一点都不重要的事情上失败了，你可能会想，再去花时间和精力试一次是一件不值得的事情。有的时候确实是这样的。举个例子，我是个糟糕透顶的艺术家。我作画的水平和小学生差不多，当我在作画上遭遇了失败的时候，我觉得把我的时间和精力花在这上面以求取得成功是不值得的，因为我宁愿在我感兴趣的领域多花些功夫。

如果你需要克服人生障碍来帮助你实现梦想，那再次尝试就是一件很有意义的事了。但再做一次一模一样的尝试显然对你是没有帮助的，你需要制订一个能提升成功率的计划，就像你需要从错误中吸取教训，以防重蹈覆辙一样。有的时候这意味着你要提升自己的水平，有的时候这意味着你要找到欣赏你能力的平台。

伊莱亚斯·华特·迪士尼在取得巨大的成功前也经历了许多次失败。他一开始创办了欢笑动画公司。他们和堪萨斯城市电影院签署了合约，在影院播放他们 7 分钟长的真人动画混合影片。虽然他的卡通作品很受欢迎，华特还是因负债严重而在几年后不得不宣布破产。

但这并没有让华特停下脚步。他和他的兄弟搬到了好莱坞，成立了迪士尼兄弟工作室。他们和一位经销商签订了合约，推广华特创造的卡通形象——幸运兔子奥斯华。但几年后，这个经销商偷走了奥斯华和其他一些卡通角色的版权。迪士尼兄弟迅速创作了三个新的卡通形象，并以其中一个作为重点——米老鼠。但他们却没能找到经销商。直到有声电影的出现，他们才得以让这个卡通形象面世。

在此之后，迪士尼的成功变得和火箭发射一样快。尽管那是在大萧条时期，华特的电影还是取得了巨额收入。从那时起，他和他的兄弟建立了一个名为迪士尼的价值1700万美元的主题公园。而这个公园也取得了令人瞩目的成就，这使得他们可以用利润去发展他们的迪士尼王国。不幸的是，华特在迪士尼公园建成前就去世了。

一个在卡通行业投资失败并破产的人，却在几年后摇身一变成为一个在大萧条时期的亿万富豪。一部被无数人拒绝并认为不可能取得成功的卡通片，却获得了奥斯卡历史上最多的奖项。尽管华特已经去世很多年了，迪士尼公司仍然是一个10亿美元规模并充满活力的公司。华特的卡通形象米老鼠仍然是迪士尼最重要的标志。很显然，华特是一个用失败去鼓舞自己并取得成功的人。

百折不挠使你内心强大

沃利·阿莫斯是一名星探，他经常把自己制作的巧克力曲奇送给一些明星，以求能和他们签约。在朋友们的建议下，他最终辞去了星探的工作，并把心思都放在烘制饼干上。在一些明星朋友的帮助下，他开了一家叫“著名阿莫斯”的曲奇美食店。

这家店受到食客的欢迎，并迅速得以扩张。在接下来的十年中，阿莫斯在全美开了好几家这样的商店。他的成功为他赢得了全美国的瞩目，并获得了里根总统颁发的优秀企业家奖。

但作为一个高中辍学且没有受过正规训练的企业家，阿莫斯匮乏的商业知识让他百万美元级的商业帝国摇摇欲坠。他试着聘请一些能为他提供帮助的人，但遗憾的是这些人同样缺乏扭转乾坤的能力。最终，阿莫斯不得不卖掉公司。而他不仅遭受了商业上的财务危机，更是陷入了生活中的财务泥潭：他抵押的房子被拍卖了。

几年后，他卷土重来，开办了另一家饼干公司——沃立·阿莫斯饼干公司。但“著名阿莫斯”的新首席执行官控告他侵犯了公司的名称权，所以阿莫斯把公司重新命名为“无名氏叔叔”。他的公司面对着激烈的竞争，而他也没能取得成功。他的负债增长到了100万美元，他不得不又一次宣布破产。

最后，阿莫斯创立了一家松饼公司。这一次，他把公司的日常工作都交给了一个精于食品分销的合伙人。他从以前的失败中懂得了自己需要在公司经营上得到他人的帮助。他的新企业并没有达到他第一家曲奇饼店的成就，但这家公司直到今日还在经营。

最终，阿莫斯取得了另一项成功。家乐氏获得了他的第一家公司——“著名阿莫斯”的经营权，管理层雇用他作为产品的代言人。尽管他有理由为自己难过，因为他已经不再拥有自己创办过的公司，但阿莫斯还是抱着感恩之心，谦逊地督促人们去购买他30年前就生产出来的饼干。他还成了一名成功的作家和一个励志演说家。

失败能够通过各种方式挑战你，并塑造你的品格。它能够帮助你找到人生努力的方向，同时帮助你开发自己从没注意到的潜能。在苏珊的例子中，当她成功入学后，她增强了自信心，并获得了克服困难的能力。她不再把失败看作终点，而是把它当作一个可以完善自我的方式。懂得了失败能够改善你的表现，请学着在失败面前锲而不舍，你的内心将会变得越来越强大。

要懂得即使不断经历失败，你也可以好好的，你就能感到内心的平和与满足，你不用担心自己是不是最优秀的人，也不会觉得自己必须做到最好才能被他人认可。相反，你能够在失败面前保持轻松的心态，因为你知道自己会变得越来越好。

解决之道及常见问题

有时人们会对一些失败不太在意，但会很在意另一些失败。一个销售员可能不会因为没有完成业绩带来的失败而感到愤怒，但他可能会因为没有当选市政厅官员而感到愤愤不平。找到那些可能会让你经历失败后选择放弃的事情，然后想想你可以从以前经历过的失败中吸取什么样的教训。如果你还没有做好下一次尝试的准备，直面自己的恐惧感可能是你首先要做的事。你可能会经受一系列情绪上的波动，你的大脑可能会让你对下一次尝试丧失信心。然而通过练习，你就能够了解失败是怎样让你取得成功的。

有用的方法

把失败看作学习的机会。

如果第一次失败了，下决心再试试。

面对失败带来的恐惧。

制订提高成功率的计划。用理性想法替换非理性想法。

把注意力放在提升你的能力而非炫耀上。

无用的行为

让失败阻碍你达成目标。

如果第一次失败了，把再一次尝试看成一种损失。

因为不想忍受不适感而放弃。

因为第一次没有成功就认为成功是不可能的。

把失败想象得比实际上还糟糕。

拒绝接受你可能不太擅长的任务。

CHAPTER 11 第十一章

They Don't Fear Alone Time
不要害怕孤独

人们所有的悲剧都源于不能忍受独处。

——布莱士·帕斯卡

瓦妮萨向她的大夫寻求助眠药，但大夫建议她最好先去做一下咨询。尽管不确定咨询对自己来说有什么益处，瓦妮萨还是来到了我这里。她向我抱怨她的思绪几乎整晚都无法停下来。虽然她也感到很累，但常常睁着眼躺在床上几个小时，不停地想着心事，一直到努力睡着为止。有时她会想起白天自己所经历的事情，有时也为第二天要做的事担忧。有时她觉得有太多的想法光顾她的大脑，有时却又不知道自己到底想了些什么。

瓦妮萨称自己在白天从没感觉到思绪的困扰。作为一个房地产代理人，她的工作非常忙碌，经常需要加班。不忙的时候，她会和朋友一起外出吃饭，或者与年轻的玩家们在网络上对垒。工作和休闲娱乐之间的界限并不清晰，她常常收到来自社交媒体以及周遭群体的各种商业推介。她喜欢自己积极进取的生活方式，欣赏不断向前的人生道路。尽管工作给她带来不小的压力，但她发现工作让她感到充实，而且在销售方面她认为自己取得了不错的成绩。

当我问她一般多久会给自己一点独处或坐下来思考的时间时，她说："哦，不，我从来不想在这些没有效率的事情上浪费时间。"我指出她之所以夜晚困顿不眠正是白天没有给自己的大脑少许歇息和整理思路的时间，瓦妮萨开始大笑起来。她说："不是这样的，白天我有大量时间思考，甚至有时候我会同时思考一连串的事情。”我向她解释，她的大脑可能需要休息一会儿，需要一个喘息的机会。我建议她白天留给自己一点安静独处的时间。虽然她还不确信静下来是否有助于让她的睡眠好起来，但还是答应尝试一下。

我们探讨了很多种能够让她独自思考的方法。瓦妮萨答应入睡前在没有任何外界干扰的情况下，如不看电视，不打电话，也不播放收音机里的音乐作背景，每天留出10分钟左右的时间记日记。在做出改变的几周时间里，她发现安静下来让她不太舒服。但她很喜欢记日记，她感觉这确实可以让她更快入睡。

在接下来的几周里，瓦妮萨又尝试了其他方面的训练，接受了冥想和正念等练习。她惊奇地发现，每天晨起后几分钟的冥想竟然成为她一天里最开心的时刻。她说她感觉到自己的心慢慢地安静下来。她继续坚持写日记，因为她感到这个习惯就像一个出口，可以把脑子里杂乱的思绪发泄出去，而冥想则教会她如何让自己不停思索的大脑安静下来。尽管睡眠问题还没有完全得到解决，但她觉得自己已经可以比过去快一点入眠了。

孤独恐惧症

花时间独处并未列在大多数人的活动计划前列。对很多人而言，独处这件事听起来并没有什么吸引力。而对有些人来说，独处甚至可能是一件可怕的事。以下这些是否符合你的情况？

· 当你空闲时，最不可能做的事就是坐下来思考问题。

· 你觉得自己一个人待着是乏味的。

· 当你做家务时，会一直开着电视或收音机作背景音。

· 寂静让你不安。

· 把安静视同寂寞。

· 你非常不喜欢独自看电影、听音乐会这类活动。

· 一个人做事时，你总会感到很别扭。

· 在两件事之间的空闲时间或在休息室里的等待空隙，你总是打电话、发信息或使用其他社交媒体。

· 一个人开车时，你总是开着收音机或通着电话，好让自己不闲着。

· 总觉得写日记或沉思就是在浪费时间。

· 你没有时间或机会独处。

创造自己与心灵独处的机会是一项特别有意义的实践，它对我们达到自己设定的目标也大有益处。想要建立强大的内心需要你从忙碌的日常琐事中抽身出来并聚焦于成长。

为什么我们总是回避独处

瓦妮萨总是认为对她来说，安静独处是没有效率的。她花了大量心血才使自己在房地产业成名，所以每当她不和人联络或交流时就会感到不安。她不想放过任何一个可能得到新业务的销售机会。

尽管独处在主流文化中被认定为有许多积极意义，但在现代社会中独处也会制造负面情形，最极端的例子就是被描述为“隐士”的人，在卡通片、童话故事和电影中常常被描述成反面人物。在有关成为老猫太太的笑话中也隐晦地说明孤独会让人发疯。家长会在孩子失礼时对他们关禁闭，这传达了独处是一种惩罚的信息。监狱里的囚犯也认为关禁闭是最糟糕的惩罚手段。尽管完全独处显然不是有益的，但现在独处给人们的感觉太糟糕了，以至于哪怕独处一小会儿也会被看成不快乐的事。

“认为独处是件坏事”与“只有和人们在一起才是好的”这些想法迫使我们整天忙于社交。如果你在星期六的晚上一个人待在家里有时会被认为是一个不健康者，甚至是失败者。把日程安排得满满的还会让人感觉你很重要。你的电话响得越勤，计划做得越多，你就会被认为越重要。

忙碌也可以作为一种分散注意力的方式，如果你有不想面对的问题，为什么不邀请邻居过来一起吃晚饭，或者和朋友一起去逛街？总而言之，只要让自己的大脑一直被愉快的对话填满，你就不必面对你所遇到的难题。就算你无法与别人见面，科技的进步也不会让你感到孤单。你几乎可以在任何地方打电话，运用社交媒体与外界保持联络，或者在任何空闲时间发送信息，事实上你一整天几乎每时每刻都可以回避独自思考这件事。

此外，来自社会的压力也迫使人们必须保持高效率。那些觉得自己每时每刻都必须努力工作的人会把独处这件事看作浪费时间。因此，他们让繁忙充斥于每分每秒。不管是打扫房间还是安排其他待办事项时，他们绝不会把花时间独处思考当作有价值的事情，因为独处并不能产生立竿见影的效果。事实上，如果没在做事，他们就会感到内疚。

自然而然地，一些人在独处时就会感到不舒服。他们大多成长于嘈杂、混乱不堪和疲于奔命的环境中，让时间慢下来、让内心静下来、关注自身这些都不在他们的生活词典里。他们害怕独处，因为独处时的思考会让他们不得不想起不愉快的事情。一旦闲下来，他们就会想到一些糟糕的事，或者会为未来而担忧。因此，为避免不愉快的情绪出现，他们往往把时间排得满满当当。

人们常常分不清独处与孤独的区别在哪里。孤独的感受往往与糟糕的睡眠、高血压以及羸弱的免疫系统密切相关。而独处却不一定会让人感到孤独。事实上，有些人在熙熙攘攘的房间里也会感到孤独。孤独感往往是因为没有人懂你、爱你，而独处则是你的主动选择。

害怕孤独的问题

瓦妮萨越是把日程填得满满的，她的大脑到了晚上就越是无法安静下来。大脑转得越快，她就越想把纷乱的思绪赶出脑海，如此形成了恶性循环。不停的思绪迫使她难以入睡，她只好强迫自己安静下来。她甚至尝试让电视的声音作为背景音帮助自己入睡，她想避开胡思乱想。

如果我们不停下来让自己歇息一下，而是让自己整天陷于日常职责和人际交往，最后我们肯定会付出代价。遗憾的是，独处的好处往往被人们否定或忽略。研究表明，害怕独处可能会让我们失去以下益处。

· **适当的独处对孩子有益。**1997 年，一个名为“独处是青春期初期一段有意义的经历”的研究项目表明，那些有适当独处经历的五年级至九年级的学生比其他学生更少表现出行为上的问题。而且他们的抑郁量表上得分较低，学习成绩也处于平均水平之上。

· **独处在职场上同样大有益处。**尽管许多办公场所设置成开放的空间，还为员工提供大量头脑风暴类的培训，但 2000 年一项名为“头脑风暴之认知刺激”的研究表明，那些拥有一定私人时间的人表现得更好。适时拉开与其他人的距离使得他们更有魅力。

· **独处容易让人产生同理心。**常常独处的人往往更善解人意。如果总是和同一个社交圈子内的人交往，久而久之你很可能产生这世界就是“我们和他们”的错觉，从而对你的圈子外的人缺乏理解和认同。

· **独处能让人产生创造力。**许多成功的艺术家、作家和音乐家往往都是在自己的空间里精心打磨作品。一些研究表明，远离社交圈独处能够让人迸发出强大的创造力。

· **独处有利于心理健康。**虽然人们总是强调社交能力的重要性，但事实上，学会独处对身心健康同样重要。容忍寂寞的能力与更高的幸福感、更强的生活满意度以及更好的抗压能力密切相关。那些能享受独处的人更少产生抑郁情绪。

· **独处可让你自我修复。**独处的时间为你提供了重新审视和评估自己面对难题的机会。研究表明，自然放松的独处是难得的歇息和自我修复的好时机。

虽然放慢原有的生活节奏、跳出现在的社交圈是个挑战，但如果不这样做，恐怕后果更加严重。我的好朋友艾丽西亚·塞瑞奥尔特在几年前遭遇的严重后果就是一个很好的例子。那时她刚生完第一个孩子，有一份不太喜欢的工作，每周需要工作 25 到 30 个小时。她很想回到学校继续学习，因为她对于未完成学业感觉很不好。她还因为疲于奔命而不得不经常离开孩子怀有愧疚感。

作为一个母亲，工作和学业对艾丽西亚形成了强大的精神和体力方面的压力，她经常感到焦虑，有时甚至觉得喘不过气来。她开始出现麻疹且没有食欲，但她忽略了这些身体发出的警告，放任压力继续增大，最终她的压力水平达到了一个危险的程度。突然有一天，她被压力击倒了。她被告知那一天就像以往的每一天一样，可她对此没有任何印象。事实上，提起这件事，她印象最深的还是在医院苏醒过来的第一眼看到围绕在她身边的家人。

她惊恐地得知自己晕倒在一家加油站，当加油站员工发现她时她已经神志不清，因此加油站员工赶紧叫了救护车。急救人员询问她叫什么名字、家住哪里等，她一概无法回答。艾丽西亚唯一记得的是她的孩子还一个人待在家里。

警察检查她的车时，发现了她的钱包和手机。他们联系上了她的家人，幸运的是她的孩子待在家里正由她的丈夫照看着。按照她家人的描述，那天早上艾丽西亚看起来还好好的，她对丈夫说她准备去学校了，还依依不舍地和孩子告别，她甚至利用空闲时间给她父亲打了电话。但就在去上课的途中，她晕倒了。

医生首先确认艾丽西亚没有服用任何药物，也没有饮酒，随后排除了身体受到撞击或脑部受伤的可能性。在各种检查结果出来后，医生诊断艾丽西亚患上了间歇性全面遗忘症，这是一种因严重心理压抑导致的暂时性失忆症。幸运的是，艾丽西亚的病症几天后就好了，她没有受到长时间的病痛折磨。

这次事件后，艾丽西亚开始重新审视如何对待自己这件事。她说过去她常常醒来后的第一件事就是想着手头“必须”完成的事，一整天她都在忙着干完日程上列出的任务清单。现在，她放慢了生活节奏，花时间去做一些享受生活的事情，比如遛狗、整理花园等。现在她更清楚自己的压力水平，把自己照顾得更好了。她的故事给我们一个警示，即放慢生活节奏是重要的，注意及时倾听自己身体发出的压力警告很有必要。

享受独处时光

瓦妮萨白天的时间填满了大量她认为比独处更重要的事，而独处如果想要实施也必须像制订其他任务计划一样将其列入日程安排，并且像对待其他约会一样重视起来。而且她将独处作为一种实践，学会一些新的技能，比如正念、冥想和养成每天写日记的习惯等都需要全神贯注。刚开始，瓦妮萨通过阅读和网络教学来学习冥想，但是当她意识到自己真的很享受冥想时，她表现出想要参加冥想课程的兴趣。她发现随着学习的东西越来越多，她能让自己的内心更快地在晚上安静下来。

练习忍耐安静

大多数人习惯白天周围充斥着嘈杂声。有时，人们会主动找事情做，让自己繁忙起来，那样就不会感到寂寞了。你是不是会开着电视或收音机睡觉？你认识的人中也有人会这样做吧？人们试图用持续不断的喧闹麻痹自己，以此掩盖自己的思虑劳烦，但这不是一种健康的生活方式。每天花一点时间让自己安静下来有助于你恢复精力。每天至少花上 10 分钟，自己安静地坐下来，什么也不干，只是思考。如果你已经习惯日常的喧嚣和躁动，安静刚开始会让你感到不自在。然而，只要坚持练习，你会感觉越来越好。你可以利用独处的时间做下列事情。

· **反思自己的目标。**每天花一点时间思考自己或专业上的目标，评估一下自己，看看还有哪些东西可以改变。

· **关注自己内心的感受。**仔细检查自己身体和心理的状况以及现在的压力水平。问问你是否对自己足够关心，看看还有哪些可以做的，以使自己变得更好。

· **为未来设定目标。**不要停止对美好未来的梦想，创造你所期盼的美好生活的第一步就是你如何设定未来目标。

· **写日记。**写日记很有用，它可以帮助你更好地理解自己的情感并从中获得更多感悟。研究表明，记录下你所经历的事情和情感能增强你的免疫力、减轻压力，对你的心理健康很有益处。

我们生活在一个无法避免与外界联系的世界，而电子联络意味着我们更没有时间独自思考。翻阅手机信息、浏览各种社交媒体以及阅读线上新闻时事会占用你大量的时间。这里花费一点时间，那里花费一点时间，加起来一天中好几个小时就过去了。不停歇地与外界联络会打乱你的日常生活，也会造成压力与焦虑。想要离开那些高科技设备一会儿，在你的日常生活中留出一点时间安静下来，你可以试试下面的方法。

· 不看电视时关上它。

· 开车时不播放音乐。

· 散步时不带手机。

· 关掉你所有的电子设备，休息一会儿。

安排一次与自己的约会

要使独处时间变得有益，关键在于让独处成为一种选择。例如，独居的老人更容易感到孤独，他们从独处中更多地感受到的是孤独，而非益处。但是，对于那些整天忙于社交的人来说，抽出一些时间独处将有益于身心的歇息和休整。如果你对花时间独处感到不愉快，那么问题的关键在于如何让独处成为一种积极的体验。另外，除了每天留出一点时间独处，你还可以安排至少每月一次与自己的约会。

之所以把这称为“约会”是因为这能告诉你，这是你自己做出的选择。你不是因为无人可约才独处，而是因为这样做有利于身心健康。2011 年，一项名为“独处的益处：与自己约会”的研究表明，大多数安排时间与自己约会的人都显得更冷静和平和。他们喜欢那种不受社会舆论束缚，可以随心所欲做自己想做的事的自由自在。少数参与者没有感受到独处的快乐是因为他们还没有体验到独处的益处。但是，将来随着独处时间的增加，可能会帮助他们增加独处时的快乐体验。

有的人觉得在湖中央钓鱼是一种能让人平静下来恢复精神的有益活动，而有的人则认为这是种让人不舒服的体验。如果鄙视做某件事，那你肯定坚持不了多久。最好的办法是找到独处时你喜欢做的事，那样你就会对独处习以为常了。

如果喜欢大自然，你可以考虑去森林里玩一玩。如果喜欢某种美食，你可以选一家餐厅去品尝。你不必只是待在家里体验独处。相反，你可以选择一些平时社交中很少尝试的活动，只要确保你不再总是埋头于书本或是总想着与谁联络就行。与自己约会，关键在于与自己的思想独处。

学习冥想

尽管冥想曾一度被认为是僧侣或嬉皮士才做的事，但如今越来越多的主流人群接受了这种方式。许多医生、职业经理人、社会名流和政治家都开始推崇独处，从而获取身体、心理及精神上的健康。研究表明，冥想能改变人的脑电波，而随着时间的积累，冥想者的大脑思维也会发生改变。有研究显示，只需要几个月时间，冥想就会让与学习、记忆及情感控制有关的大脑皮层变厚。

冥想被认为与许多情绪方面的益处相关，如帮助人们减少负面情绪、改变人们对压力的认识等。某些研究显示，冥想可以减少人的焦虑和抑郁程度。它对人们心理健康的益处是显而易见的。有人声称冥想可以启迪思想，也有人鼓励冥想与祈祷相结合。

进一步的研究表明，冥想还可能帮助人们解决一系列有关生理健康方面的问题，例如哮喘、癌症、睡眠障碍、疼痛及心脏疾病等。尽管有些医学专家对冥想的作用提出疑问，但毫无疑问的是冥想对身心会产生巨大的影响。这个问题只要问一下维姆·霍夫就明白了。

霍夫的绰号是“冰人”，这个绰号来自他具有利用冥想忍受极度严寒的能力。这个中年荷兰人完成了多项惊人的壮举，包括将自己埋在冰中超过一小时，登上乞力马扎罗山，在极圈跑过马拉松，甚至爬到了珠穆朗玛峰半山腰（他本来计划爬上顶峰的，后因脚伤中断了行程），在所有这些行动中他都只穿着短裤。一些学者对他的壮举表示质疑并提出各种异议，他们认为其中很可能存在造假现象。但科学家证明，即使暴露在极端温度下，他也可以通过冥想将体温保持恒定。霍夫甚至开始教人们如何利用冥想控制体温以保持恒定。

尽管将身体埋在冰中一个小时并不是大多数人必须掌握的技能——人们也不想这么做，但霍夫的故事为我们展示了思维与身体之间难以置信的关联。冥想有许多种方式，这为我们研究究竟哪一种最适合自己提供了帮助。冥想可以不用很长时间或很正式，相反它只需要每天利用5

分钟时间让你的身体和思绪安静下来，就能让你的身心得以恢复。

冥想的简易步骤

在这些简易操作程序里，你只要简单几步，不受时间和场地所限进行冥想。

· 找到一个舒适的位置，椅子或地上均可，腰杆挺直。

· 把注意力集中在呼吸上。慢慢地深呼吸，你完全可以感觉到自己在平缓地吸气、呼气。

· 把意识拉回到呼吸上。你的思维会发散开来，脑中出现想法，这时你要尽快把注意力拉回到呼吸上。

正念的技巧

正念常常被看作冥想的同义词，但两者其实并不相同。正念是指在未进行评判的情况下，培养一种对正在发生的事情的准确感知。在现今世界，人们试图每分每秒都在做各种事情，我们在遛狗时回复信息，在打扫厨房时听着收音机，在敲击键盘时与人通话。我们不会把注意力放到正在做的事情上，我们的思维会游离散开。我们会在谈话中开小差。哪怕我们手里刚刚还握着车钥匙，也想不起来自己拿着它到底做了什么。我们明明刚刚还在淋浴，却想不起来自己是不是洗了头。

对于正念的一系列研究表明，它与冥想一样有许多好处，它可以减轻人们的压力，缓解抑郁症状，增强记忆力，减少情绪化行为，甚至增强社交满意度。许多研究学者认为，正念有助于人们获得更多的幸福感。

它可以给人们带来许多生理上的好处，例如增强免疫力、减轻因压力产生的炎症等。

相对于分辨对与错，或总是思考应该是怎样的，正念允许我们接受当下的想法。正念聚焦于你的意识，让你把注意力集中在自己正在做的事情上。它鼓励你活在当下，使你在独处时感到更自在。

就像冥想一样，你也可以通过阅读书籍、观看视频和参加讲座等方式来学习正念。方法不同，学习效果也会因人而异。如果某个人教给你的方法对你的作用不大，你也可尝试其他方法来学习。学好这个技能的关键在于练习和专注。总之，学会这些技能可以提高你的生活质量，加深你对独处的理解与认识。

锻炼正念的方法

有许多不同的方法可以帮助你开始练习正念。练习得越多，你在日常生活中注意力就越集中，头脑就越清醒。这里有一些能帮助你练习正念的方法。

· **躯体扫描**。把注意力放到你身体的每一个部位，慢慢地，按照从脚尖到头顶的顺序过一遍。看看你身体的哪一个部位比较紧张，练习抛开那种紧张感并放松你的肌肉。

· **数到十**。闭上眼睛，试着慢慢地从一数到十。需要注意的是，在这个过程中，你的思维很可能会游移到别的地方。此时，你要把你的注意力重新聚集到数数上来，继续慢慢地数数。

· **专注于观察**。找到家里的任何一件物品，一支笔或一个杯子。把它拿在手上，将注意力聚焦在它身上。仔细观察它的样子，手抚摸着它是什么感觉。不要对它有任何评价，只要专注于你当下的感觉就好。

·咬一小口食物仔细品尝。拿出一小块食物，可以是一粒葡萄干或一颗坚果，尽可能多地用不同的感官去感受它。首先，你可以仔细观察它的纹路和色彩。然后，触摸它，感受它，再闻闻它的气味。最后，把它放入口中仔细品尝。慢慢地咀嚼，把注意力放在它的味道上，花至少 20 秒感受它在你嘴里的味道。

拥抱孤独使你更强大

瓦妮萨学会了如何让她那转个不停的思虑安静下来的方法后，便不再认为自己需要靠药物来助眠了。相反，她认为可以用冥想和正念的方法让自己在入睡前平静下来。她还注意到她学会的这些方法在她的职业生涯中发挥了不同寻常的作用。整个白天，她的注意力集中度好多了，她感觉自己办事效率也提高了，而且就算日程安排得满满的，她也不会感到杂乱无章了。

掌握这些方法有助于你平复自己纷乱的思绪。独自思考具有强大的力量，它可以改变你的生活。丹·哈里斯在其著作《一个冥想者的觉知书》中讲述了如何通过冥想改变自己的生活。哈里斯是美国广播公司《晚间在线》的主播之一，同时还是《早安美国》的周末主播。他需要每天在镜头前保持最好的状态。然而，有一天，当他正在播出新闻时感到一阵疼痛，突然感觉自己特别焦虑，说话变得困难起来，连呼吸也越来越急促。他不得不把新闻拆成一段一段来进行播报。后来他得知，当时突然袭来的疼痛（他说那是他觉得最尴尬的时刻）很可能是他服用了迷幻药和可卡因用于抵抗抑郁症所带来的后果。尽管他已经好几个月没有服药了，这些药物还是对他的身体有着影响。那次疼痛迫使他停止服药，改为寻求其他办法来控制压力。

就在那时，哈里斯接到了一系列有关宗教的报道任务。自此，他接触到了冥想。虽然他刚开始对冥想一点也不感兴趣，但随着接触时间的增加，他对冥想越来越能接受了。最终他通过亲身体验，发现冥想为他找到了平复焦灼情绪的有效办法。

他坦承，一开始他告诉人们他在试着冥想时感到很不自在，但是他发现通过与别人分享自己的感悟可以帮助更多人。他明白冥想并不神奇，也不可能解决生活中面临的所有问题，但是冥想让他的情绪改善了 10%。他在著作中写道："除非人们能直面自己的思想，否则无法明白生活的真正意义。"

试着花些时间独处，无论你是想进行冥想，还是想静静地整理自己的目标，独处都是帮助你了解自己的最好办法。花时间与自己心爱的人在一起很重要，独处同样也很重要。花些时间认识自己是你迫切要做的事。发展一种高度的自我觉察感能够帮助你深入了解为什么你的潜力无法得到充分发挥。

难题解决与常见误区

如果你曾梦到自己站在一个荒岛上，说明你真的需要花费一段时间进行独处了。不要害怕独处的时间。独处不意味着你是自私的人，也不是在浪费时间。相反，独处是你做过的事中对你最有益处的。它能从很多方面帮助你改善生活，还能教会你享受生命中的每时每刻，让你不再疲于奔命而忽视周围发生的事。

有用的方法

- 学会享受安静。
- 每天抽出一些时间与自己的思想独处。
- 至少每个月安排一次与自己的约会。
- 学会用冥想让思绪平复下来。
- 练习正念方法，使自己专心致志。
- 记日记，平复自己的情绪。
- 每天回顾自己的目标与进展。

无用的行为

- 无论何时都让周围充满喧闹。
- 干完一件事就急着干下一件事，总想得到立竿见影的效果。
- 让自己忙碌于各种社交，不给自己留出一点时间。
- 认为冥想无用。
- 同时做几件事，却常常心不在焉。
- 认为记日记是在浪费时间。
- 查看每天的日程计划，通过完成了多少件事来判断自己是否取得了进步。

CHAPTER 12 第十二章

They Don't Feel the World Owes Them Anything
不要觉得世界亏欠自己

别总是说这个世界欠你的，它不欠你任何东西。世界早就在那里了。

——马克·吐温

卢卡斯根据公司人力资源部的建议参加了一项为员工提供的心理治疗，试图解决自己在工作中存在的问题。他参加了这个项目，因此可以得到一系列免费的心理咨询服务。

最近，卢卡斯在读完工商管理硕士（MBA）后找到了第一份工作。他对自己的岗位很满意，也很信任自己就职的公司。但他感到同事们对于他的加入不是特别高兴。他解释说自己经常给主管提出能提升公司利润的建议，还试着帮助同事提高工作效率和工作业绩。他经常在部门周例会上提出自己的建议，但他感觉没人在听他的话。他甚至想办法与老板见了一面，向他提出是否可以提升自己的职位或成为部门主管。他觉得如果自己得到更多的权限，别人就愿意听他的了。

让他大失所望的是，他的主管对他的升职提议并不感兴趣，并且告诉他，如果他不想被解雇就要放弃这样的想法，因为同事都在抱怨他的态度。卢卡斯又跑到公司人力资源部抱怨，于是他被告知最好接受必要的心理咨询。

在我和卢卡斯谈话的过程中，他觉得自己应该得到提拔。虽然只是个新人，但他认为很明显他的建议对公司业务的提升很有帮助，因此他认为自己应该加薪。他认为自己是个很有价值的员工，他的上司应该从另一个角度看问题。我们也探讨了他这些大胆的想法有可能产生的后果。他意识到，他的同事特别是主管一定会对此感到厌烦。

在我们一起探讨可能出现的工作场景时，卢卡斯慢慢意识到他那“无所不知”的态度如何错误地惹恼了别人。他的一些同事已经为公司工作了十多年，他们在慢慢努力以自己的方式寻求职位上的提升。卢卡斯说他明白这些老员工对刚从学校毕业的新员工竟然敢对自己说三道四肯定会感到不快。他承认自己经常把别人看作傻瓜。我们一起分析很可能正是这些想法让他更愿意做一些对别人指手画脚的事，而这些行为将给他的人际关系带来负面影响。他进行了一些练习以改变这些错误的想法，从而让自己能够认识到老员工对公司的价值。他不再把同事看成傻瓜，并且认识到每个人做事的方式并不相同。每当认为自己比别人强时，他都会提醒自己，他还只是个刚毕业的学生，还需要学习许多东西。

卢卡斯同意制作一个清单，列明公司老板期望的最好的雇员应该做到的事项。对照清单我们看看他能做到多少，他承认他什么都做不到，像帮助其他同事、表现得彬彬有礼等都无法做到。相反，他总是强调自我和发号施令。

卢卡斯决定用一种全新的视角来看待问题，并把它应用到办公室的人际关系中。几周以后再来咨询时，他显示出经过努力后得到的改进。他说他不再我行我素地给别人提建议了，他发现当他改变做法不再强求别人听取他的意见时，别人反而更愿意向他请教并听取他的建议。他认为自己确实向正确的方向前进了一步，他也坚信自己一定会继续努力成为一个有价值的员工，而不是像过去那样自以为是。

宇宙的中心

生活中，我们都希望得到自己应该得到的东西。事实上，仅仅因为你是谁或你所经历的事情就认为自己应该得到某些东西的想法是无益的。请检查一下你是否有下列行为。

· 你是否认为你在很多事情上的表现都比一般人强，比如开车或人际交往？

· 你总是愿意谈论解决问题的方法，却避而不谈接受事情的后果？

· 认为自己生来就会获得成功。

· 认为你的自我价值取决于物质财富。

· 认为自己理所当然地应得到幸福。

· 认为你在生活中已经付出很多了，是时候获得回报了。

· 你更愿意讨论自己，而不愿多倾听别人。

· 你认为自己足够聪明，以至于不用努力就能获得成功。

· 有时你会买一件自己负担不起的东西，只是为了证明你值得拥有。

· 在许多事情上你自诩为专家。

你认定自己不必像其他人一样努力工作，或侥幸自己是个例外而不必经历必经的过程就能获得成功的想法毫无益处。你应该学会在你无法得到应得的东西时停止抱怨，并且集中精力在如何拥有足够强大的内心上，而不再自以为是地认为自己很重要。

为什么我们认为这世界欠我们的

卢卡斯是家里唯一的孩子，当他一出生，他的父母就认定他天生就是领袖，注定会获得成功。因此当他大学毕业后，他确信自己注定能成就一番大事业。他自认为任何一位老板都会立刻发现他的才能并以把他召到麾下为荣。

像卢卡斯一样的人到处都是，有的人因为刚刚度过了一段不幸的日子，觉得应该得到补偿；有的人则认为自己比别人都努力，应该比别人得到更多。我们很擅长从别人身上发现这些问题，事实上，我们每个人都会在某个时刻觉得自己异常重要，然而我们往往缺少发现自身问题的能力。

我们生活在一个权利和特权常常被混淆的时代。人们常常觉得自己有权快乐地生活，有权获得别人的尊重，即使这意味着他们去获取这些的时候很可能危害到别人的利益，他们也觉得理所当然。人们不会去努力争取得到特权，而是表现得就好像这个社会对他们有所亏欠。广告通过诱使我们产生自我放纵和物欲至上的心态，从而忍不住买它们宣扬的东西。这些不管有没有承受力都要买的心态使得我们中的很多人债台高筑。

总是认为世界欠你什么的想法不仅仅是一种特权思想，有时还会让你产生一种不平衡感。比如，一个童年时代过得很艰难的人，成年后就会刷爆他的信用卡疯狂消费，用以弥补他童年时的物质匮乏。他认为这世界欠了他获得美好事物的机会，因为他小时候失去了很多享受的机遇。这种心态与天生的自我优越感一样有害。

简·腾格是一位心理学家和作家，著有《我一代》和《自恋时代》。她通过对自恋和自我优越感的大量研究发现，年青一代对物质财富有着越来越多的渴望，而对工作的意愿越来越弱。她认为造成这种状况的原因可分为以下几种。

· 把关注点聚焦于开发孩子们的自我意识上，但做得有些过火。学校把课程重点放在引导孩子的自我意识上，告诉他们自己是与众不同的。大人让孩子穿着写有“一切取决于我”字样的T恤，而且不断告诉他们“你是最棒的”，加剧他们认为自己很重要的信念。

· 溺爱的教养方式阻碍孩子学习如何为自己的行为负责。如果每当孩子想要什么家长就给他们什么，而且不用承担行为不端的后果，那他们就不会了解通过努力得到某种东西的价值。因为无论他们的行为如何，他们都能获得很多的物质财富和荣誉。

· 社交媒体对于自我价值的鼓吹再次加大了孩子们对自我的错误认知。年轻人无法想象这个世界如果没有自拍和自我宣传的博客会怎么样。社交媒体是否加剧了人们的自恋心理，还是仅仅让人们拥有了宣泄自己潜在优越感的出口，现在还无法下定论。但有证据表明，社交媒体可以增强人们的自尊心。

认为“世界欠我什么”的危害

卢卡斯认为世界欠他什么的想法并没有为他在办公室赢得朋友，也没有给他带来短期升职的机会。

“世界欠我什么”的心态会让你做事只考虑值不值。你很少去努力工作，而是总在抱怨自己没得到应该得到的东西。相反，你认为凭借你是谁或你的来历就可以决定你应该得到什么。当你把关注点放在如何向世界索取你应该得到的东西时，就不可能承担自己行为的后果。

你总是不切实际地向别人索取，或者过分在乎自己应该得到的那些东西，这对你的人际关系毫无益处。

如果你总要求“我应该得到关心和优待”，而不对别人付出爱与尊重，那么也不可能得到别人的真心对待。

如果你只关注自己，那就不会对别人产生共情。如果你总是想着你就该得到属于自己的美好事物，为什么还要把时间和金钱浪费在别人身上呢？这样你就体会不到给予的快乐，而是过多关注那些你没得到的事物。

无法得到你所希望得到的一切，“世界欠我什么”的意识就会让你感到痛苦，某种程度上，你会觉得自己是个受害者。你无法享受你已拥有的东西和你所做的事，反而只想着你没有得到的东西和不能做的事，这样你可能会失去生命中某些最美好的东西。

克服自以为是

卢卡斯需要搞清楚总认为世界欠他什么的想法给他和周围的人带来了哪些影响。当感知到别人如何看待自己时，他才能开始改变自己对同事的看法以及与同事的相处方式。努力工作的决心和谦虚的态度帮助卢卡斯得到了继续工作的机会。

警惕“世界欠我什么”的想法

我们在社交媒体上总会看到，西方的一些富人、名流和政治人物好像不受法律法规的约束，因为他们是特殊的。就拿那件发生在得克萨斯州的因酒驾导致四人死亡的案件来说，辩护律师为少年肇事者辩解说，这个孩子患上了“富贵病”，也就是说，他认为自己凌驾于法律之上。他们的论点是，这个孩子从小就生活在一个富裕的环境里，他的父母对他溺爱有加，从不要求他承担自己行为的后果，所以他不应该受到惩罚。最终法院判决这个孩子需要接受物质滥用康复治疗项目，并且缓期执行。也就是说，这个孩子没有受到任何牢狱之苦。这类案例迫使我们产生疑问：我们的社会对这种“世界欠我什么”的想法的接受度日趋增加了？

生活中，这类优越感随处可见。如果你没有得到自己心仪的工作，周围的朋友会说“你会得到更好的机会”或“从今往后好事将会光顾你”。事实上，尽管朋友们的祝福是出于好意，世界却并未善待你。无论你是不是这个星球上最聪明的人，无论你是否经历了生活中的种种磨难，也不应该比别人得到更多的好运。

当你产生“世界欠我什么”的想法时，应提高警惕。看看你自己有没有下面这样的想法，如果有，则说明你存在“世界欠我什么”的潜在信念。

· 我得到的应该比这更好。

· 那条法规太愚蠢，我不用遵守。

· 我的价值远大于此。

· 我命中注定要取得更大的成就。

· 好事总会在前面等着我。

· 我身上总是有着独一无二的地方。

很多认为“世界欠我什么”的人都缺乏清醒的自我认知。他们觉得别人对他们的看法和他们对自己的看法一样。注意你的想法，并记住以下事实。

· 生活本身就不公平。世界上没有什么力量或个人能保证，有一双公正的手能主宰全人类的生活。一些人就是会比其他人拥有更好的经历，这就是生活。即使你对现在的生活感到不满，那也不意味着这世界对你有所亏欠。

· **并非只有你经历了这些问题。**虽然没有一个人的生活与你的完全一样，但他们也会遇到相似的问题、悲伤或悲剧。这个星球上总有人正经历着糟糕的事，没有哪个人的生活是轻松的。

· **你有权选择如何应对失望。**尽管无法改变事态发展，但你可以选择如何应对。你可以决定以自己的方式解决面临的难题、事态或悲剧，但不要产生受害者心理。

· **你并不理应比别人得到更多。**虽然你和别人不是一模一样的，但这并不意味着你就比他们更好。没有理由你天生就应该遇到好事，也没有理由你可以不付出时间和努力就能收获好处。

关注给予，而非索取

我第一次从广播里听到“萨拉之家”这个机构时，他们正在给一个资金筹集项目做广告。后来我才知道我认识萨拉，而且她和我是在同一个小城市长大的。在我妈妈去世前的那个晚上，我和萨拉在篮球赛现场相遇，当时球队里有一对双胞胎姐妹，其中一个就是萨拉·鲁滨逊。

我遇到了萨拉的双胞胎姐妹林赛·特纳，她给我讲了有关萨拉的所有故事。24 岁时，萨拉被诊断出患有脑部肿瘤。她做了手术并接受了一年半的化疗，但最终还是没能逃脱癌细胞的侵袭。在接受治疗的过程中，萨拉并没有把注意力放在为什么自己会患这倒霉的癌症上，而是全身心投入地帮助别人。

萨拉在治疗中心遇到了一些癌症病人，她震惊于他们中的许多人要想来这家医院接受治疗都需要开很长时间的车。一些住在缅因州乡村的病人不得不在六周里每周五天都开五个小时的车往返，只是因为他们承担不了旅馆的费用。他们中的一些人甚至把车停在沃尔玛的停车场里过夜。萨拉知道，这对正在与病魔抗争的人来说并不是一个好方法。

萨拉想给这些人帮助。最初，她开玩笑说要买些双层床让他们住在自己家里，但她也清楚这不是长久之计。后来，她想到一个主意，她在治疗中心附近租一座房子用于接纳病人住宿。萨拉已经加入当地的一个志愿者社团好几年了，该社团的理念是“服务超越自我”，这显然正符合萨拉的理念。她把自己的想法告诉了该社团成员，社团答应帮助她开办这样一个场所。

萨拉热情地投入到这个设想的实施中，她要把它变为现实。她忘我地投入到收容所的筹建工作中。她的家人说，即使是在进行治疗的过程中她也常常夜里起来工作。虽然萨拉承受着病魔的侵袭，但她的心态十分积极。她告诉家人：“我不会在这个收容所建成之前离开，我还要第一个住进那里。”她希望收容所建成的愿望始终非常强烈。

2011 年 12 月，萨拉离开了人世，那年她 26 岁。按照她的请求，她的家人和朋友继续建设“萨拉之家”。18 个月内，他们筹集了近 100 万美元。连萨拉的女儿也加入建设中，她怀抱着一个罐子，上面写着“萨拉之家”，她把原来为了挽救妈妈而去卖柠檬汁的钱也捐了出来。没有雇用一个人，志愿者们分文不取地忘我工作，他们把一家家具店改建成了一个有 9 个房间的收容所。这里永远不会把病人拒之门外。

虽然很多被诊断出患了绝症的人都会问“为什么偏偏是我”，但萨拉不会这样想。尽管她的健康状况恶化得很厉害，甚至到了无法自己穿衣服而需要她的丈夫帮忙的地步，她依然在日记本上写道：“我是最幸运的女人！”

“我有一个非常坚定的信念：‘我要战斗在生命的战场上。’”萨拉在另一篇日记中写道，“我从未退缩，也从不后悔。我生命中的人知道他们对我而言意味着什么，我将永远坚持这个项目。”萨拉把生命中的一切奉献给了他人，而这也很可能是她在如此小的年纪就能有勇气面对病魔和死亡的原因之一。在萨拉去世前不久，她说她希望人们能够加入当地的市民组织，“因为这才是生活的全部”。她说在一个人即将死去的时候，没有人想在办公室里打发时间，相反，他们希望自己可以更多地帮助别人。

萨拉从没有把时间浪费在抱怨她患上癌症以及“世界欠我什么”的想法上，相反，她总是在想自己能给予世界什么。她帮助别人，却从不求回报。

做一个团队合作者

不管是努力想与同事搞好关系，还是想获得真正的友谊，又或是想改善恋爱关系，你都要成为一个具有团队合作精神的人。停止把精力全部放在如何能让事情更公平上，你可以试着去做以下事情。

· **把目光集中在自己的努力上，而不是只想到自己有多重要。**不要去想你被大材小用了，相反，你需要把注意力放在自己的努力上。不管怎样，你始终有进步的空间。

· **坦然地接受批评。**如果有人对你有微词，不要立刻反驳：“那家伙是个傻瓜。”别人反馈的是他对你的看法，这些看法自然与你对自己的认识不一样。仔细斟酌一下别人的批评，看看是否需要改变自己的言行。

· **承认你的弱点和缺点。**每个人都有弱点和缺点。承认自己身上的缺点、问题和性格上不受欢迎的地方有助于你客观认识自我。别把自己不如人的地方归咎于世界欠你什么。

· **停下来想想别人的感受。**与其只关注自己有多重要，不如转而关注别人在想什么，增加对别人的共情有益于减少你膨胀的自尊心。

· **不要锱铢必较。**不管你是否能成功戒掉毒瘾，是否帮助过老人过马路，这个世界不欠你什么。不要锱铢必较，也不要为自己的遭遇感到委屈，否则你在没能得到你想得到的东西时一定会感到失望极了。

学会谦恭的态度能使你变得更加强大

1940 年，威尔玛 · 鲁道夫的母亲生下了早产的她。出生时她只有 4 磅（约 1.8 千克）重且身体虚弱。4 岁那年，她感染了小儿麻痹症，导致她的左腿弯曲无法直立，只能安上支架一直到 9 岁。接下来的两年，她不得不穿着矫形鞋。在进行了漫长的物理治疗后，鲁道夫终于在 12 岁那年可以正常地走路了，她甚至参加了学校运动队。

从那时开始，她表现出对跑步的喜爱，她发现自己在这方面很有天赋并开始进行训练。16 岁那年，她参加了 1956 年奥运会。作为最年轻的队员，她在 4 × 100 米接力赛中获得了一枚铜牌。她回到家乡后，开始备战下一届奥运会。鲁道夫在 1960 年奥运会上成为第一个在同一届赛事上荣获三枚金牌的女运动员。因此，她被誉为“史上跑得最快的女人”。22 岁那年，鲁道夫退役了。

尽管许多人把成年后遭遇的问题归因于童年时代的困境，但鲁道夫显然不这么想。她可以把人生中的不幸归咎于童年时代的病痛折磨，也可以归咎于自己的非洲裔血统，还可以归咎于自己成长于一个贫困的小山村。但是鲁道夫并没有这样认为。她曾经说过：“无论你做什么，关键是要自律。我下定决心要找到贫民区以外属于我的生活。”这就是她能从一个靠着支架走路的女孩成长为奥运金牌获得者的原因。虽然鲁道夫 1994 年就去世了，但她的奋斗精神永存，并激励着新一代的年轻运动员们。

坚持认为“自己应该比现在得到更多”很可能对你的生活无益，它只会浪费你的时间和精力，并使你产生更大的失望。卢卡斯发现当他停止炫耀并努力学习的时候，反而能提升自己在工作中的表现。这对帮助他实现职位上的晋升是必要的。

当你停止得到更多的要求，并且满足于你所拥有的东西时，将在生活中收获巨大的利益。你会带着平和与满足感向前迈进，而不是带着痛苦和自私一路坎坷。

难题解决和常见误区

想要增强内心的力量，有时需要你接纳世界所给予的一切，而不是抱怨没得到你认为应该得到的东西。虽然我们嘴上会说并不觉得世界欠我们什么——毕竟这不是一个非常有吸引力的品质——但有时候我们还是会认为世界以某种方式欠着我们什么。密切留意自己在哪些时刻或哪些事情上会有这样的想法，并采取措施摆脱这些对你来说是自毁的想法。

有用的方法

- 培养健康的自尊心。
- 弄清楚自己在哪些领域容易产生优越感。
- 把关注点放在你应该付出哪些，而非你应该得到哪些。
- 及时给予别人需要的帮助。
- 做一个团队合作者。
- 关注别人的感受。

无用的行为

- 成为一个过分自信和自大的家伙。
- 顽固地认为自己几乎在各个方面都比大多数人强。
- 对生活中自认为应该得到而没得到的东西耿耿于怀。
- 因为自己没有得到，所以拒绝给予别人。
- 总是在寻找对自己有利的一切。
- 考虑问题时只关注自己的感受。

CHAPTER 13 第十三章

They Don't Expect Immediate Results
不要指望立竿见影的效果

耐心、毅力和汗水是成功的不二法则。

——拿破伦·希尔

玛茜过得不开心，但她也说不清到底是什么原因让她产生了一种总体上的不满。她解释说，她的婚姻大体上过得去，与两个孩子的关系处得也很正常。她不太在乎自己的工作，但无疑这不是一份她理想的工作。她只是没有她想要的那样快乐，而且觉得自己承受了比别人更大的压力，但她说不清这到底是为什么。

这些年来，她花费很多时间阅读了大量心理自助的书，但没有一本能改善她的情况。几年前，三个疗程的心理咨询也没能帮助她走出困境。她确信即使接受再多的心理治疗对她也无济于事，所以她想着，如果告诉大夫她参加了很多次心理咨询和治疗，大夫就会为她开出一些让她高兴一点的药。因此，她一开始就说，其实她最近没有时间和精力接受心理治疗。

我向玛茜承认她是对的——如果她不想花精力在心理治疗上，那她肯定无法看到疗效。同时，我也向她说明，药物的疗效也并非立竿见影的，事实上，大多数的抗抑郁类药物都需要服用至少四周后才能让病人感觉到某些变化。有时还需要花上几个月的时间才能找到最合适的药物和剂量，甚至还有一些病人始终找不到有效的治疗方式。

我向她澄清，心理治疗不需要花费一生那么长的时间。相反，短期的治疗就能起作用。治疗的时间与效果之间并没有数量上的对应关系——来访者付出的努力才是决定治疗是否有效、何时才能见效的关键。明白了这些道理后，玛茜说她需要时间来做出选择。过了几天，她打电话过来，说愿意试试我给出的治疗方案，并且会把治疗当作她生活中优先考虑的事来做。

在最初的一个疗程里，玛茜越来越明显地表现出她总是希望生活中的大多数事情都能很快有收获。每当她体验新事物时，不管是参加课程还是培养爱好，只要没能马上获得想要的结果，她就会快速放弃。有时候，她很努力地想改善一下自己的婚姻状况，毕竟她不想自己的婚姻总是不温不火的。在几周内，她努力做个好妻子，但她并没有马上体会到任何改善，于是她就放弃了。

在接下来的几周时间里，我们一起分析讨论她希望“所有事情都能很快有期望的结果”的想法是如何影响到她的生活和职业发展的。她一直想攻下硕士学位，以使自己获得更好的职业发展，但她感觉这可能要花费漫长的时间，她不想被拴住。因此，她把原本只需花两年时间就能读完的硕士课程硬是拖了十年还没完成，她对此感到前所未有的沮丧。

玛茜坚持接受治疗。几个月后，她找到了能够让自己忍耐当前的挫折并有耐心面对一切的方法。她试着让自己想达成的目标明确下来，比如在学业上获得进步、改善婚姻状况等。当她确定了她可以用小步前进的方式实现自己的愿望后，我们又探讨了她该怎样评价自己的进步。玛茜用新的态度来对待她的新目标——她明白想要看到明显的效果需要花费一些时间，而她已经做好准备。她注意到新方法有助于改善她的生活，这让她对未来有了新的希望，并且她有能力向前一步步迈进。

耐心不是你的强项

虽然身处一个快节奏的时代，但我们不能指望所有事情都能速战速决。不管你是想改善婚姻关系还是打算创业，总是期望很快就能出成果的想法反而会带你走向失败。下面这些观点你是否听起来很耳熟？

· 你不认为好的结果会眷顾等待的人。

· 你视时间为金钱，你可不想浪费哪怕是一分一秒的时间。

· 耐心并不是你的强项。

· 如果没有看到立竿见影的效果，你很可能会马上反思自己在做的事根本不会产生效果。

· 你总是希望事情能马上完成。

· 你总是在寻找捷径，这样你就不用花费太多的精力和努力去得到你想得到的东西了。

· 当别人没有跟上你的步伐时，你就会感到懊恼。

· 当你没有很快看到成效时，你马上会放弃正在做的事。

· 你很难坚持自己设定的目标。

· 你觉得所有事情都应该产生立竿见影的效果。

· 你往往会低估完成你的目标或做完某件事所需要花费的时间。

内心强大的人都知道，速战速决并不是做事的最佳选择。如果你想充分发挥自己的潜力，你需要明白，对事情的进展有一个符合实际的预判和成功不会第二天就到来。

为什么我们会期待立竿见影的效果

玛茜觉得当她的年纪越来越大时，她反而越来越焦躁。当事情无法按照她的步调进展时，她就会变得苛刻起来。实际上，“我已不再年轻”已经成了她的口头禅。她咄咄逼人的举止在工作中起到了一些作用，尤其是当她在做正事的时候，她的孩子和同事都会配合她。但她的急躁情绪在有些事情上也给她带来不好的影响，尤其是对她的人际关系造成了损害。

玛茜并不是唯一想尽快缓解抑郁症状的人，大约有十分之一的美国人正在服用抗抑郁的药物。虽然在临床上抗抑郁药物确实能缓解一定的抑郁症状，但调查显示，大多数患者并没有被精神科医生诊断出抑郁症。不过，仍然有不少人把吃药当作改善其生活状态的捷径。孩子们的身上也发生着类似的事。当孩子的行为出现问题时，家长常常会找医生开药来解决。尽管注意缺陷多动障碍确实可以借助药物来进行治疗，但没有哪种药片能够让孩子们的行为发生奇迹般的变化。

我们生活在一个“无须排队，无须等待”的快节奏时代，如今我们再也不用寄出一封信要等上好几天才能送达了。相反，我们可以在世界上的任何地方随时发出电子邮件进行联络。我们也不用等广告播完才能看到自己想看的电视节目，自选节目意味着我们可以随时观看想看的电影。微波炉和快餐意味着我们可以在几分钟内吃上东西。我们还可以通过网络订购几乎所有的东西，并且在 24 小时之内就能送到你的家门口。

快节奏的时代激励我们不要等待。除此之外，我们身边涌现出许多“一夜走红”和“一朝暴富”的例子。音乐家通过视频网站被发掘成明星，网红一夜之间变成名流，初创公司也能很快赚到几百万美元。这些故事更加激发了我们希望自己正在做的事情都能获得立竿见影的效果。

然而，事实上，成功并非速成的。推特的创始人曾经花了八年时间研究移动和社交产品；苹果的第一代音乐播放器花了三年时间进行研发，做过四个版本才真正进入市场；亚马逊创立的前七年都没有盈利。民间有很多关于这些企业一夜成功的传说，但那是因为人们只看到了最终的结果，而没有关注到这些企业在创建过程中所经历的艰辛。

因此，我们希望生活中的任何事都能马上奏效的想法并不奇怪。不管我们是在戒掉一些坏习惯，如暴饮暴食或酗酒等，还是努力达成自己的目标，如清偿欠款或取得大学学位等，我们都希望马上收到成效。下面是一些我们希望收到立竿见影效果的原因。

· **我们缺乏耐心**。通过每天的行为能明显看出来，我们总是希望每件事都能够收到立竿见影的效果，否则我们就会很快放弃。马萨诸塞大学阿默斯特分校计算机专业教授拉梅什·西塔拉曼研究发现，当人们遇到与科技相关的事时，其耐心只能维持两秒。如果一个在线视频两秒还没下载完毕，人们就会关掉网页。显然，我们缺乏耐心，一旦无法马上看到期待的效果时，我们的行为就会受到影响。

· **我们高估了自己的能力**。有时，我们自以为自己做得很好，应该可以立马看到效果。有的人刚进入公司一个月就错误地认为自己能成为最出色的销售员，还有人企图在两周内减掉 20 磅（约 9.07 千克）体重。当你高估了自己的能力后，如果看不到希望看到的成果，一定会感到失望。

· **我们低估了事情进展所需要花费的时间**。我们对高科技带来的高效率太依赖了，以至于以为生活中的任何事情都会像这样快速发生。我们忽略了这样一个事实，人的改变、公司的运营等类似活动中，人们并不会像机器一样快速行动。

期望每件事情都会产生立竿见影的效果的危害

玛茜因为只想做那些能快速且毫不费力地收到成效的事情而错过了不少机会。尽管花了不少时间研读心理自助方面的书，但她还是一无所获。她总是快速地放弃心理治疗，转而期待靠某种药物奇迹般地解决自己的问题。她错过了许多能改善其生活状态的机会，因为她总是希望获得立竿见影的效果。

不切实际地认定变化来得轻而易举，企图速战速决，这些想法都会导致你最终失败。1997 年，一项关于自我效能感与戒酒的研究中，研究人员发现，那些对于自己能戒酒过于自信的人相对于那些不太自信的人来说，酒瘾复发的可能性更大。过度自信会导致你自以为能毫不费力地达到目标，但如果你并没有很快看到你所期望的成效，就会很难坚持下去。

速战速决的态度也会令你过早放弃努力。如果无法很快看到成效，你很可能误以为你的努力是白费的。如果一个企业家没有马上看到销量的增长，就会认为自己投资的促销活动是在浪费钱。但他可能没有想到那些促销广告由于扩大了产品的知名度，而使得产品销量在未来的时间里获得了稳定且持续的增长。还有的人到健身房去健身，一个月后照镜子没有看到肌肉增加的效果，就认定健身没有用。但事实是，他一直在进步，只是那些缓慢的变化需要几个月后才能显现，而不是几周内就会看到效果。有研究表明，我们比以前更快地放弃目标。1972 年，一项关于新年时立下目标的研究发现，25% 的被试在坚持了 15 周后就放弃了自己的新年目标。而到了 1989 年，25% 的被试只坚持了一周时间就放弃了自己的新年目标。

当你希望每件事都能获得立竿见影的效果时，还可能产生下面这些潜在的负面影响。

· **尝试投机取巧。**如果没能得到你想要的速成效果，你很可能会尝试用投机取巧的方式加速事情的进展。一个节食减肥的人如果没能在几周内看到效果，他就会采取极端的手段节食以期尽快看到自己想要的结果。一个想要变得更加强壮、跑得更快的运动员，可能会设法服用一些药物以获得更好的比赛成绩。投机取巧会导致危险的后果。

· **不为未来做打算。**只注重眼前的成果会让你无法看得长远。在投资这件事情上，人们急于求成的心理表现得更加明显，他们希望现在就得到投资收益，而不是 30 年以后。2014 年，有关退休人员信心的调查显示，在美国有 36% 的退休人员的储蓄或投资不超过 1000 美元。很显然，由于经济的原因造成人们没有太多的钱用于退休后的生活，但人们及时行乐的思想也扮演了重要的角色。人们不愿意进行长期投资，因为他们现在就要花掉这些钱用于享受生活。

· **不切实际的期待会导致你得出错误的结论。**如果一心想收获立竿见影的效果，你肯定会认为自己已经掌握了足够多的情况才得出结论，但事实上，你很可能没有足够的时间考虑得更精确。一个人在一年内没能让初创公司盈利就得出结论说他在商场上完全失败了，因为他没赚到钱。但事实上，他是没有给这个企业足够的时间让它变成一个盈利的实体。

· **产生负面和不快的情绪。**一旦你的预期没有达到，你就会感到失望、灰心和沮丧。而你心中不断增长的挫败感又会影响到你的行为，最终让你更难得到你想得到的东西。

· **做出阻碍目标实现的举动。**不切实际的预期会影响你的行为举止，从而使你更难得到想要的结果。就像你想快快烤好一枚蛋糕，所以不断地打开烤炉看看进展。殊不知，你每打开一次就放走一次热量，最终蛋糕烤好的时间就更长。当你希望事情尽快有进展时，你的行为会在不知不觉间干扰你的努力。

付出长期的努力

当玛茜明白她无法很快得到成效的道理后，她不得不在治疗期间做出一些调整和改变的决定。她受够了那些没有用的办法，便决意试试心理治疗。她知道如果不全力投入治疗的话就很难有效果。治疗告一段落后，她也认识到了改进和完善这件事与生活中的其他事情一样无法马上看到成效，她需要不断投入时间和精力，在今后的人生路上实现个人成长。

培养符合实际的预期

如果你的年薪只有5万美元，你就无法偿还每年10万美元的债务。如果你从5月才开始锻炼身体，就不要期望当夏天到来时你能减掉25磅（约11.34千克）的赘肉，从而漂亮地穿上泳衣。你在进入公司的第一年就能得到晋升的愿望很可能会落空。如果总抱有这些不切实际的想法，你很可能永远达不成自己的目标。培养合理的预期可以帮助你保持长期的进取。以下是一些培养合理预期的方法。

· **不要低估改变的难度。**你要接受这些理念：做任何事情都有难度，实现目标需要付出努力，要改变一个坏习惯也是困难的。

· **避免设定一个固定的时限达成目标。**估计一个初见成效的时间点对你是有帮助的，但要避免把时间定得太死。例如，有的人可能会说要培养一个好习惯或改掉一个坏习惯需要多少天（这个神奇的天数要么是 21 天，要么是 38 天，取决于你看到的是哪项研究）。但退一步想一想，你就会发现那其实是不现实的。我只需要两天就能学会每天吃冰激凌当甜点的习惯，但如果让我改掉每天早上喝咖啡的习惯可能需要半年。因此，不要根据你认为“应该”的想法来规划时间。你要知道有许多因素都可能影响你看到成果的时间，所以你可以把时间定得灵活一些。

· **不要高估事情的结果。**有时人们会想当然地认为，如果我减掉 20 磅（约 9.07 千克）的体重，我的生活会比现在好得多。一旦在减肥的过程中没有看到自己期望的奇迹发生，他们的心情便会因之前高估了减肥的作用而跌到谷底。

要明白事情的进展并不总是明显的

我和其他几位心理治疗师辅导过一个育儿小组，这些家长大多育有学龄前儿童，他们最希望解决的孩子的行为问题就是乱发脾气。当然，当没有得到想要的东西时，孩子们会故意在地上打滚、尖叫、踢打。作为辅导内容的一部分，我们鼓励家长忽视孩子这种企图引起家长关注的行为。有时候，家长认为这样做毫无用处，且孩子似乎变本加厉。当被问到他们如何知道这样做不管用时，家长通常会说“他会越叫越响”或

“她会爬起来，然后故意在我面前重新摔倒，继续撒泼”。

这些家长并未意识到，孩子的行为已经起了作用。这些聪明的 4 岁孩子在了解了家长的态度后，开始采取变本加厉的举动。他们觉得得不到自己想要的东西，可能是因为叫声太小了，所以他们就叫得更响一些。父母的每一次屈服都会强化孩子乱发脾气的坏习惯。但是如果父母坚持不理会孩子乱发脾气的行为，孩子们就会明白这种行为并不能让他们得到想要的东西。家长们需要放下心来，孩子变本加厉的举动并不代表他们的教育方式没有奏效。

通往目标的道路并不是一帆风顺的，有时候事情的进展会反复无常，但只要记住自己前进的长远目标，你就会正确地认识这些转折。如果你想创建一家新的公司，或者想学习冥想，在动手之前先问问自己以下问题，看看你该如何衡量自己取得的进展。

· 我怎么样才能知道我所做的事情运转有效？

· 结合实际情况，我需要多久才能看到最初设定的目标绩效？

· 设定目标期限内实际能看到怎样的成果，比如一周、一个月、半年或一年之内等？

· 我怎样才能确认我正朝着设定的目标前进？

学会延迟享受满足感

有些人看起来在延迟满足方面就是比其他人更擅长。但事实上，每个人都可能成为及时享乐的牺牲品。急于求成是许多问题发生的根本原因，包括某些身心健康问题、投资理财问题以及药物成瘾问题等。有些人忍不住要吃减肥的人不能吃的甜点，有些人则是无法戒掉给其生活造成诸多困扰的酒精。即使是那些擅长延迟满足的人也会在某些方面存在弱点。

就拿丹尼尔·“鲁迪”·鲁提格来举例，他的故事在 20 世纪 90 年代早期曾被拍成电影《追梦赤子心》来鼓励人们。他的故事是一个失败者通过自己的不懈努力而最终逆袭的代表性案例。“鲁迪”家有 14 个孩子，他排行老三。“鲁迪”梦想着有一天自己能进入圣母大学读书。但他患有阅读障碍症，不得不花费大量时间与之抗争。他三次向圣母大学提交入学申请但均被拒收，不得已他只好申请了圣十字学院入读。又努力了两年后，他终于在 1974 年被圣母大学录取。

“鲁迪”不仅发誓要成为一个好学生，还梦想着能够加入学校橄榄球队。但他看起来一点竞争力也没有，因为他只有 5.6 英尺（约 1.71 米）高，体重也只有 165 磅（约 74.84 千克）。后来，“鲁迪”成了预备队中的一员，预备队意味着他几乎没有上场比赛的机会。“鲁迪”刻苦训练，专心致志地参与每一场比赛。他的勤奋和奉献赢得了教练和队友们的尊敬。在大四的最后一场比赛里，教练派他在最后几分钟上场担任防守队员。“鲁迪”就像平日练习一样全身心投入比赛，并且成功地防守住了对方的四分卫。队友为“鲁迪”感到骄傲，他们高高地托起“鲁迪”，大声喊着“鲁迪！鲁迪！鲁迪！”来庆祝球队的胜利。

很显然，“鲁迪”很擅长延迟满足。他一年又一年地努力奋斗以达成自己的目标。他肯定没有寄希望于马上看到成功，他只是参加了一场橄榄球比赛的最后几分钟而已。

然而，并不是在生活中的某些方面做到努力进取就能抵制所有及时满足的诱惑。2011 年，美国证券交易委员会披露丹尼尔·鲁提格涉嫌证券欺诈罪。他创办了一家名为“鲁迪”的公司，专门生产运动型功能饮料。美国证券交易委员会的调查显示，“鲁迪”和该公司的其他所有人一起，涉嫌通过夸大公司业绩的方式抬高股价，从而以高价卖出自己持有的股份。虽然鲁提格不承认自己的罪行，但他同意支付超过 30 万美元的罚款。

这个曾经因为自己的努力和坚持被誉为英雄的男人，却在几十年后成为快速捞钱案件的牺牲品。鲁提格的故事告诉我们，有时候人们想要实现自己目标的愿望异常强烈，有时候人们放弃的想法也来得异常快。要避免及时满足的行为需要我们时刻保持警惕。以下是一些能帮助你掌握延迟满足能力的方法。

· **把注意力放在最后的目标上。** 时刻牢记最终目标能帮助你在想要放弃时保持活力。用有创造性的方法激发你对目标的定力，比如把目标写下来贴在墙上或放在电脑屏幕旁，从而让自己随时能看见目标，以此来保持动力。

· **在实现最终目标的过程中每达到一个小目标就激励一下自己。** 不用非得等到实现最终目标的那一天才来庆祝成功。相反，你可以设定一些阶段性的目标，但凡实现了这些小的目标后就可以庆祝一下，即使只是和家人一起吃顿晚餐来庆祝一下也能让你时刻记住你正在奋斗的进程中取得的成绩。

· **制订计划以抵制诱惑。** 总是有机会或诱惑让你忍不住想及时满足。比如，如果你正在努力减肥，那么别人邀请你吃甜点就可能让你放弃减肥计划。又如，你正在开源节流，那些好看的玩具和奢侈品时刻都在诱惑着你超额消费。提前制订计划能帮助你在诱惑面前保持清醒，防止这些诱惑阻碍你的成功。

· **用健康的方式应对挫败和不耐烦情绪。** 有时候你会产生放弃的念头，质疑自己是否应该继续。只是因为产生了愤怒、失望或挫败的情绪并不意味着你就应该放弃。相反，找到健康的方法来处理这些感受和期待也是成功路上必经的过程。

· **掌握好自己的节奏**。如果无论做什么事都希望很快能见到成果，那你就有面临焦灼不安的风险。只有掌握好自己的节奏，你才能拥有有条不紊地实现自己目标的动力。了解稳扎稳打的意义能帮助你更有耐心，并确保你走在正确的轨道上，而不是只想急功近利。

延迟满足让我们变得更加坚强

詹姆斯·戴森的故事要从 1979 年讲起。当时他对自己的吸尘器失去了吸力而感到挫败，所以他着手研究更好的吸尘器，那是一种借助离心力而非包袋来分离空气和灰尘的吸尘器。在五年时间里，他研制了一台又一台吸尘器。当终于制作出满意的产品时，他已经制作过 5000 多台吸尘器了。

制作出令自己满意的吸尘器后，詹姆斯并没有止步不前。他又花了几年时间去寻找对生产他的产品感兴趣的制造商。然而，当时的吸尘器生产商对生产他的产品意兴阑珊，于是詹姆斯决定自己开办工厂。他生产的第一台吸尘器于 1993 年上市，此时距他设计出第一台吸尘器已经有 14 年之久。有付出就有回报，他的吸尘器立刻成为当时英国销量第一的吸尘器。到 2002 年，约四分之一的英国家庭使用戴森吸尘器。

如果詹姆斯也抱着一夜成功的想法，那么他可能早就放弃了，是他的耐心和坚持让他得到了回报。在随后 30 多年里，他的吸尘器销往世界上 24 个国家，他创造了一个年销售额达 100 亿美元的大公司。

要想发挥你最大的潜能，就要展现出强大的意志力，抵制短期诱惑。只有忍住不马上得到你想得到的东西，随后你才能得到更多。这种延迟满足的能力帮助你获得成功。研究发现，延迟满足的能力能给人带来以下好处。

· 在预测学术成就时，自律比智商更重要。

· 自律性强的大学生自尊心更强，平均成绩更高，而且更少出现暴饮暴食和酗酒的情况，人际交往能力也更强。

· 擅长延迟满足的人较少出现焦虑、抑郁等问题。

· 自律的孩子更少出现生理和心理问题、物质滥用问题和实施犯罪的计划。成年后，他们在财务方面也面临更少问题。

不管你的目标是存到足够的钱去旅游，还是下决心让孩子成为一个有责任心的人，你都应该设立符合预期的目标。不要总是急于求成，你应该持之以恒，坚持到底，这样才能增加你实现目标的机会。

难题解决与常见误区

在日常生活中，你可能对某些事情有合理的预期，比如尽管你明白想要拿到大学文凭需要经过四年的大学生涯，也明白要等大学毕业后才能挣更多钱，但你可能还是愿意上大学；又如，你明白自己在养老保险上投资的钱要等 30 年后才能收回成本，但你可能还是愿意把钱放入养老账户。但是，你在面对另一些事情时又希望能看到立竿见影的效果。比如，你可能不想等待一段时间才能看到自己的婚姻状况有所改善；又如，即使医生已经警告过你后果，可你还是不愿意戒掉某些让你上瘾的食物。寻找生活中你需要改善的问题，并专注于寻找改进方法，培养自己脚踏实地前进的能力非常重要。

有用的方法

· 切合实际地估量实现你的目标所需要的时间以及实现的难度。
· 找到准确的方法来衡量你的进步。
· 在奋斗的进程中对阶段性成果进行自我奖励。
· 用积极的方法来处理负面情绪。
· 制订帮助你抵制诱惑的计划。
· 掌握自己的节奏，脚踏实地，持之以恒。

无用的行为

· 期望看到立竿见影的效果。
· 如果事情没有马上看到成效，你就认为自己没有进步。
· 只有等到最后取得胜利了才犒劳自己。
· 允许挫败感和不耐烦影响自己的行为。
· 以为自己有足够的意志力抵制所有诱惑。
· 寻求捷径，以逃避完成目标所需的工作。

CONCLUSION 结语

Maintaining Mental Strength
让你的内心更强大

要增强你的精神力量并不是说只阅读本书或号称自己很坚强就可以的。相反，你必须把那些能让你发挥全部潜能的方法融合起来应用到你的实际生活中。就像你想保持身体强壮需要锻炼身体一样，想保持内心强大也需要你不断努力。人无完人，每个人都有改进的空间，如果你不时常历练自己，内心的力量就会衰弱。

没有人可以永远不犯错，也没有人能永远不经历挫折。你总会有被情绪左右的时候，总会有相信不正确想法的时候，也总会有做出自我毁灭或无效行为的时候。但是只要你坚持锻炼自己的内心，这种情形就会越来越少地发生在你身上。

做自己的教练

就像一个教练应该给你一系列支持和建议以帮助你成为更好的自己一样，你也可以做自己的教练。你可以看看自己的优势并以此为基础培养自己的能力，认清并改善自己需要提高的方面。但是在给自己成长的机会时也要明白，你永远不可能是完美的。尝试以下这些方法，努力让自己每天都变得更好一点。

· **管控自己的行为**。观察哪些言行会干扰你锻炼自己的内心。例如，一再重复犯同样的错误、逃避改变、经历一次失败就选择放弃。

这些行为都是阻碍你内心变得强大的绊脚石。接下来，你要找到让你言谈举止变得更有效的方法。

· **调节自己的情绪**。请留意以下这些情况：你为自己感到难过，害怕计算风险，觉得这世界欠你的，害怕独处，嫉妒他人的成功，以及担心不能取悦所有人。别让这些情绪成为妨碍你发挥潜能的障碍。请记住，如果想改变自己的感受，你就不得不改变自己的思维方式和行为。

· **反思自己的想法**。如果你想评价自己想法的好坏，就需要额外付出一些努力。过分乐观和过分悲观的想法都会影响到你的情绪和行为，从而阻止你增强自己的精神力量。在切实采取行动之前，先想一想你的想法是否切合实际，这样你才能做出最优决定。识别那些妨碍你前进脚步的想法，比如那些鼓励你放弃的想法，鼓励你在无效的事情上浪费时间的想法，让你留恋于往昔的想法，或者期待见到立竿见影的效果的想法。你需要冲破这些想法的束缚。

就像一个好的健身教练会鼓励你即使在健身房外也要采取健康方式去生活，想成为一个好的教练意味着你要培养一种能够帮助你增强精神力量的生活方式。如果不照顾好自己的身体，你就不可能拥有强大的内心。如果缺乏合理的饮食结构，缺乏充足的睡眠，那你就很难控制好自己的情绪，难以想清楚问题，也很难做出有效的行为。所以，请采取一些措施以确保你创建的环境能让你取得成功。

尽管增强你的精神力量需要付出努力，但你也不必非要独自经历这一切。没有别人的帮助，你将很难成为最好的自己。当你需要的时候，可以试着寻求他人的帮助。即使其他人提出的建议只对他们有用，你也可以将其转化为自己的方式并应用到生活中。此外，你也可以向专业人士求助，一个训练有素的咨询师能够协助你做出改变。

随着内心的强大，你会更清醒地认识到并不是人人都想强大自己的内心。显然，你不能强迫别人改变他们的生活，因为这取决于他们自己。但是，相比埋怨别人的内心不够强大，你可以致力于成为他们的榜样。比如，你可以教会孩子们如何成为内心强大的人，因为他们很难从外界学会这些道理。只要你努力做到最好，你周围的人，包括你的孩子，都会注意到的。

你的劳动果实

劳伦斯·勒米厄是一位参加过两届奥运会的加拿大水手。他从小就开始出海了。20 世纪 70 年代，他沉迷于个人帆板运动。他努力练习，终于成为一个颇有实力的选手。他参加了 1988 年的汉城奥运会，人们都认为他会实现获得金牌的抱负。

比赛那天，天气条件相当不利，强风与快速移动的洋流相融合，瞬间形成了巨大的海浪。尽管条件如此恶劣，勒米厄还是一马当先。但是 8 英尺（约 2.44 米）高的巨浪不断袭来并遮住了海面上指示边界线的荧光浮标。勒米厄错过了其中一个浮标，根据规则，他不得不退回到错过的浮标处，并因此屈居第二。尽管速度放慢了，但他仍然是奖牌的有力竞争者。

当回到赛道上后，他发现一支来自新加坡的两人小队翻船了，其中一个正使劲抓着船板的人受了重伤，另一个人则被浪卷到离船很远的地方。考虑到当时海面上的情况，勒米厄预计如果得不到及时的救援，这两个人将凶多吉少。虽然勒米厄为了这次比赛刻苦练习了十几年，但他毫不犹豫地放弃了自己的梦想，向这两名新加坡选手伸出了援手，直到韩国海军平安地接到这两个选手。

当勒米厄重回赛场时已经太晚了，他不可能实现自己获得奖牌的愿望了，最后他排在第22名。在颁奖典礼上，国际奥林匹克委员会主席向勒米厄颁发了顾拜旦奖章以表彰他的奉献精神和勇气。

很明显，勒米厄的自我价值感并不在于必须夺取金牌。他也不认为世界或者奥委会欠他什么。相反，他有着强大的内心，可以按照自己的价值观生活，做自己认为对的事，即使无法实现他最初的目标也没关系。

培养强大的内心并不是说你要在每件事上都做到最好，也不是说你要成为世界首富或最伟大的人。相反，培养强大的内心意味着你可以在任何情况下泰然自若。无论你面临的是严重的个人问题、金融危机还是家庭悲剧，当内心足够强大时，你都会做好应对的准备。不管生活怎样对待你，你都能做好准备并按照自己的价值观生活。

当你真正拥有强大的内心时，就会成为最好的自己，并且拥有做正确的事的勇气。你能坦然地接纳自己，并且明白自己的实力。

参考文献

第一章

Denton, Jeremiah. *When Hell Was in Session.* Washington, DC: WND Books, 2009.

Emmons, Robert, and Michael McCullough. "Counting Blessings Versus Burdens: An Experimental Investigation of Gratitude and Subjective Well-Being in Daily Life." *Journal of Personality and Social Psychology* 84, no. 2 (2003): 377-389.

Milanovic, Branko. *The Have and the Have-Nots: A Brief and Idiosyncrative History of Global Inequality.* New York, NY: Basic Books, 2012.

Runyan, Marla. *No Finish Line: My Life as I See It.* New York, NY: Berkley, 2002.

Stober, J. "Self-pity: Exploring the Links to Personality, Control Beliefs, and Anger." *Journal of Personality* 71 (2003): 183-221.

United Nations Development Programme (2013). *Human Development Report 2013*. New York, NY.

第二章

Arnold, Johann Christoph. *Why Forgive?* Walden, NY: Plough Publishing House, 2014.

Carson,J., F. Keefe, V. Goli, A. Fras, T. Lynch, S. Thorp, and J. Buechler. "Forgiveness and Chronic Low Back Pain: A Preliminary

Study Examining the Relationship of Forgiveness to Pain, Anger, and Psychological Distress." *Journal of Pain*, no 6 (2005): 84-91.

Kelley, Kitty. *Oprah: A Biography.* New York, NY: Three Rivers Press, 2011.

Lawler, K.A., J.W. Younger, R.L. Piferi, E. Billington, R. Jobe, K. Edmondson, et al. "A Change of Heart: Cardiovascular Correlates of Forgiveness in Response to Interpersonal Conflict." *Journal of Behavioral Medicine*, no.26 (2003): 373-393.

Moss, Corey, "Letter Saying Madonna 'Not Ready' for Superstardom for Sale." MTV. July 17, 2001. http://www.mtv.com/news/1445215/letter-saying-madonna-not-ready-for-superstardom-for-sale/.

Ng, David. "MoMA Owns Up to Warhol Rejection Letter from 1956." *LA Times*. October 29, 2009. http://latimesblogs.latimes.com/culturemonster/2009/10/moma-owns-up-to-warhol-rejection-letter-from-1956.

Toussaint, L.L, A.D. Owen, and A. Cheadle. "Forgive to Live: Forgiveness, Health, and Longevity." *Journal of Behavioral Medicine* 35, no. 4 (2012): 375-386.

第三章

Lally, P., C.H.M. van Jaarsveld, H.W.W. Potts, and J. Wardle. "How Are Habits Formed: Modelling Habit Formation in the Real World." *European Journal of Social Psychology*, no. 40 (2010): 998-1009.

Mathis,Greg, and Blair S. Walker. *Inner City Miracle.* New York, NY: Ballantine. 2002.

Prochaska, J.O, C.C. DiClemente, and J.C. Norcross. "In Search of How People Change: Applications to Addictive Behaviors." *American Psychologist*, no.47 (1992): 1102-1114.

第四章

April, K., B. Dharani, and B.K.G. Peters. "Leader Career Success and Locus of Control Expectancy." *Academy of Taiwan Business Management Review* 7,no.3 (2011): 28-40.

April, K., B. Dharani, and B.K.G. Peters. "Impact of Locus of Control Expectancy on Level of Well-Being." *Review of European Studies* 4. no. 2 (2012): 124-137.

Krause, Neal, and Sheldon Stryker. "Stress and Well-Being: The Buffering Role of Locus of Control Beliefs." *Social Science and Medicine* 18. no 9 (1984): 783-790.

Scrivener, Leslie. *Terry Fox: His Story.* Toronto: McClelland and Stewart, 2000.

Stocks, A., K. A. April, and N. Lynton. "Locus of Control and Subjective

Well-Being: A Cross-Cultural Study in China and Southern Africa." *Problems and Perspectives in Management* 10. no. 1 (2012): 17-25.

第五章

Exline, J.J., A. L. Zell, E. Bratslavsky, M. Hamilton, and A.Swenson. "People-Pleasing Through Eating: Sociotropy Predicts Greater Eating in Response to Perceived Social Pressure." *Journal of Social and Clinical Psychology*, no. 31 (2012): 169-193.

"Jim Buckmaster" Craigslist. August 12, 2014. http://www.craigslist.org/about/jim_ buckmaster.

Muraven, M., M. Gagne, and H. Rosman. "Helpful Self-Control: Autonomy Support, Vitality, and Depletion." *Journal of Experimental Social Psychology,* no. 44 (2008): 573-585.

Ware, Bronnie. *The Top Five Regrets of the Dying: A Life Transformed by the Dearly Departing.* Carlsbad, CA: Hay House, 2012.

第六章

"Albert Ellis and Rational Emotive Behavior Therapy." REBT Network. May 16, 2014. http://www.rebtnetwork.org/ask/may06.html.

Branson, Richard. "Richard Branson on Taking Risks." *Entrepreneur.* June 10, 2013. http://www.entrepreneur.com/article/226942.

Harris, A.J.L, and U. Hahn. "Unrealistic Optimism About Future Life Events A Cautionary Note." *Psychological Review,* no. 118 (2011): 135-154.

Kasperson, R., O. Renn, P. Slovic, H. Brown, and J. Emel. “Social Amplification of Risk: A Conceptual Framework.” *Risk Analysis* 8, no. 2 (1988) : 177-187.

Kramer, T., and L. Block. “Conscious and Non-Conscious Components of Superstitious Beliefs in Judgment and Decision Making.” *Journal of Consumer Research*, no.34 (2008): 783-793.

“Newborns Exposed to Dirt, Dander and Germs May Have Lower Allergy and Asthma Risk.” Johns Hopkins Medicine, September 25, 2014. http://www.hopkinsmedicine.org/news/media/releases/newborns_exposed_to_dirt_dander_and_germs_may_have_lower_allergy_and_asthma_risk.

Rastorfer, Darl. *Six Bridges: The Legacy of Othmar H. Ammann.* New Haven, CT: Yale University Press, 2000.

Ropeik, David. “how Risky is Flying?” PBS. October 17, 2006. http://www.pbs. org/wgbh/nova/space/how-risky-is-flying.html.

Thompson, Suzanne C., “Illusions of Control: How We Overestimate Our Personal Influence.” *Current Directions in Psychological Science*, no. 6 72(1999) :187-190.

Thompson, Suzanne C., Wade Armstrong, and Craig Thomas. “Illusions of Control, Underestimations, and Accuracy: A Control Heuristic Explanation.” *Psychological Bulletin* 123, no. 2 (1998): 143-161.

Trimpop. R.M. *The Psychology of Risk Taking Behavior (Advances in Psychology).* Amsterdam: North Holland, 1994.

Yip. J.A, and S. Cote. “The Emotionally Intelligent Decision Maker: Emotion-Understanding Ability Reduces the Effect of Incidental Anxiety on Risk Taking.” *Psychological Science,* no. 24 (2013): 48-55.

第七章

Birkin, Andrew. *J.M. Barrie and the Lost Boys: The Real Story Behind Peter Pan.* Hartford, CT: Yale University Press, 2003.

Brown, Allie. “From Sex Abuse Victim to Legal Advocate.” CNN. January 7, 2010. http://www.cnn.com/2010/LIVING/01/07/cnnheroes.ward/.

Denkova, E, S. Dolcos, and F. Dolcos. “Neural Correlates of ‘Distracting’ from Emotion During Autobiographical Recollection.” *Social Cognitive and Affective Neuroscience* 9, no. 4 (2014): doi: 10.1093/scan/nsu039.

"Dwelling on Stressful Events Can Cause Inflammation in the Body, Study Finds." ohio University March 13, 2013. http://www.ohio.edu/research/communications/zoccola.cfm.

Kinderman, P., M. Schwannauer, E. Pontin, and S. Tai. "Psychological Processes Mediate the Impact of Familial Risk, Social Circumstances and Life Events on Mental Health." *PLoS ONE* 8, no. 10 (2013): e76564.

Watkins, E.R. "Constructive and Unconstructive Repetitive Thought." *Psychological Bulletin* 134, no. 2 (2008): 163-206.

第八章

Ariely, D., and K. Wertenbroch. "Procrastination, Deadlines, and Performance: Self-Control by Precommitment." *Psychological Science* 13, no. 3 (2002): 219-224.

D'Antonio, Michael. *Hershey: Milton S. Hershey's Extraordinary Life of Wealth, Empire, and Utopian Dreams*. New York, NY: Simon and Schuster, 2006.

Grippo, Robert. *Macy's: The Store, The Star, The Story.* Garden City Park, NY: Square One Publishers, 2008.

Hassin, Ran, Kevin Ochsner, and Yaacov Trope. *Self Control in Society, Mind and Brain.* New York, NY: Oxford University Press, 2010.

Hays, M.J., N. Kornell, and R.A. Bjork. "When and Why a Failed Test Potentiates the Effectiveness of Subsequent Study." *Journal of Experimental Psychology: Learning, Memory, and Cognition* 39, no 1 (2012): 290-296.

Moser, Jason, Hans Schroder, Carrie Heeter, Tim Moran, and Yu-Hao Lee. "Mind Your Errors. Evidence for a Neural Mechanism Linking Growth Mind-Set to Adaptive Posterror Adjustments." *Psychological Science* 22, no.12 (2011): 1484-89.

Trope, Yaacov, and Ayelet Fishbach. "Counteractive Self-Control in overcoming Temptation." *Journal of Personality and Social Psychology* 79, no.4 (2000): 493-506.

第九章

Bernstein, Ross. *America's Coach: Life Lessons and Wisdom for Gold*

Medal Success: A Biographical Journey of the Late Hockey Icon Herb Brooks. Eagan, MN: Bernstein Books, 2006.

Chou, H.T.G., and N. Edge. "They Are Happier and Having Better Lives than I Am: The Impact of Using Facebook on Perceptions of Others' Lives." *Cyberpsychology, Behavior, and Social Networking* 15, no. 2 (2012): 117.

Cikara. Mina, and Susan Fiske. "Their Pain, Our Pleasure: Stereotype Content and Shadenfreude." *Sociability, Responsibility, and Criminality: From Lab to law* 1299 (2013): 52-59.

"Hershey's Story." The Hershey Company. June 2, 2014. http://www.thehersheycompany.com/about-hershey/our-story/hersheys-history.aspx.

Krasnova, H., H. Wenninger, T. Widjaja, and P. Buxmann. (2013) "Envy on Facebook: A Hidden Threat to Users' Life Satisfaction?" 11th International Conference on Wirtschaftsinformatik (WI), Leipzig, Germany.

"Reese's Peanut Butter Cups." *Hershey Community Archives*. June 2, 2014. http://www.hersheyarchives.org/essay/details.aspx?EssayId=29.

第十章

Barrier, Michael. *The Animated Man: A Life of Walt Disney*. Oakland, CA: University of California Press, 2008.

Breines, Juliana, and Serena Chen. "Self-Compassion Increases Self-Improvement Motivation." *Personality and Social Psychology Bulletin* 38, no.9(2012): 1133-1143.

Dweck, C. "Self-Theories: Their Role in Motivation, Personality and Development." Philadelphia, PA: Psychology Press, 2000.

Mueller, Claudia, and Carol Dweck. "Praise for Intelligence Can Undermine Children's Motivation and Performance." *Journal of Personality and Social Psychology* 75,no.1(1998) : 33-52.

Pease, Donald. *Theodor SUESS Geisel (Lives and Legacies Series)*. New York, NY: Oxford University Press, 2010.

Rolt-Wheeler, Francis. *Thomas Alva Edison*. Ulan Press, 2012.

"Wally Amos." Bio. June 1, 2014. http://www.biography.com/people/wallyamos-9542382#awesm=~oHt3n9O15sGvOD.

第十一章

Doane, L.D., and E.K. Adam. "Loneliness and Cortisol: Momentary, Day-to-Day, and Trait Associations." *Psychoneuroendocrinology* 35, no. 3 (2010): 430-441.

Dugosh, K.L., P.B. Paulus, E. J. Roland, et al. Department of Psychology, University of Texas at Arlington. "Cognitive Stimulation in Brainstorming." *Journal of Personality and Social Psycology* 79, no 5 (2000): 722-35.

Harris, Dan. *10% Happier: How I Tamed the Voice in My Head, Reduced Stress Without Losing My Edge and Found Self-Help That Actually Works——A True Story.* New York. NY: It Books, 2014.

Hof, Wim, and Justin Rosales. *Becoming the Iceman.* Minneapolis, MN: Mill City Press, 2011.

Kabat-Zinn, Jon, and Thich Nhat Hanh. *Full Catastrophe Living (Revised Edition): Using the Wisdom of Your Body and Mind to Face Stress, Pain, and Ilness.* New York, NY: Bantam. 2013.

Larson, R.W. "The Emergence of Solitude as a Constructive Domain of Experience in Early Adolescence." *Child Development*, no 68 (1997): 80-93.

Long, C.R, and J.R. Averill. "Solitude: An Exploration of the Benefits of Being Alone." *Journal for the Theory of Social Behaviour,* no. 33 (2003) : 21-44.

Manalastas, Eric. "The Exercise to Teach the Psychological Benefits of Solitude: The Date with the Self." *Philippine Journal of Psychology* 44, no. 1 (2010): 94-106.

第十二章

Cross, P. "Not Can but Will College Teachers Be Improved?" N*ew Directions for Higher Education,* no. 17 (1977): 1-15.

Smith, Maureen Margaret. *Wilma Rudolph: A Biography.* Westport, CT: Green-wood, 2006.

Twenge, Jean. *Generation Me: Why Today's Young Americans Are More Confident Assertive, Entitled-and More Miserable Than Ever Before.*

New York, NY: Atria Books, 2014.

Twenge, Jean, and Keith Campbell. *The Narcissism Epidemic: Living in the Age of Entitlement.* New York. NY: Atria Books, 2009.

Zuckerma, Esra W., and John T. Jost. "It's Academic." *Stanford GSB Reporter* (April 24, 2000): 14-15.

第十三章

Duckworth, A., and M. Seligman. "Self-Discipline Outdoes IQ in Predicting Academic Performance in Adolescents." *Psychological Science,* no. 16 (2005): 939-944.

Dyson, James. *Against the Odds: An Autobiography.* New York, NY: Texere, 2000.

Goldbeck, R., P. Myatt, and T. Aitchison. "End-of-Treatment Self-Efficacy: A Predictor of Abstinence." *Addiction,* no 92 (1997): 313-324.

Marlatt, G.A, and B.E. Kaplan. "Self-Initiated Attempts to Change Behavior: A Study of New Year's Resolutions." *Psychological Reports,* no. 30 (1972): 123-131.

Moffitt, T., et al. "A Gradient of Childhood Self-Control Predicts Health, Wealth, and Public Safety." *Proceedings of the National Academy of Sciences,* 108 (2011): 2693-2698.

Mojtabai, R. "Clinician-Identified Depression in Community Settings: Concordance with Structured-Interview Diagnoses." *Psychotherapy and Psychosomatics* 82,no.3 (2013): 161-169.

Norcross,J.C., A.C. Ratzin, and D. Payne. "Ringing in the New Year: The Change Processes and Reported Outcomes of Resolutions." *Addictive behaviors*,no.14 (1989): 205-212.

"Ramesh Sitaraman's Research Shows How Poor Online Video Quality Impacts Viewers." UMassAmherst. February 4, 2013. https://www.cs.umass.edu/news/latest-news/research-online-videos.

Ruettiger, Rudy, and Mark Dagostino. *Rudy: My Story*. Nashville, TN: Thomas Nelson, 2012.

Tangney, J., R. Baumeister, and A.L. Boone. "High Self-Control Predicts Good Adjustment, Less Pathology, Better Grades, and InterpersonalSuccess." *Journal of Personality,* no. 72 (2004): 271-324.

"2014 Retirement Confidence Survey." *EBRI.*March 2014. http://www.ebri.org/pdf/briefspdf/EBRI_IB_397_Mar14.RCS.pdf.

Vardi, Nathan. "Rudy Ruettiger: I Shouldn't Have Been Chasing the Money." Forbes. June 11, 2012. http://www.forbescom/sites/nathanvardi/2012/06/11/rudy-ruettiger-i-shouldnt-have-been-chasing-the-money/.

致 谢

有很多人帮助我创作了这本书。

我要感谢帮助我宣传有关让内心强大的内容的谢丽尔·斯纳普·康纳（Cheryl Snapp Conner），她的分享吸引了我那杰出的经纪人斯泰茜·格利克（Stacey Glick）的注意。斯泰茜自始至终坚信这个项目会大获成功，我也很感激她在本书写作过程中提供的帮助。

感谢本书的编辑埃米·本代尔（Amy Bendell）和助理编辑佩奇·哈赞（Paige Hazzan），感谢他们的付出和写作建议。

感谢那些愿意接受我的采访，愿意与我分享自己成长故事的朋友，他们是艾丽西亚·塞瑞奥尔特（Alicia Theriault）、希瑟·冯·圣詹姆斯（Heather Von St.James）、玛丽·戴明（Mary Deming）、莫斯·金格里奇（Mose Gingerich）、彼得·布克曼（Peter Bookman）和林赛·特纳（Lindsey Turner）。

感谢那些给予我支持的家人和朋友，特别是我一生的挚友梅莉萨·希姆（Melissa Shim）、艾莉森·桑德斯（Alyson Saunders）和埃米莉·莫里森（Emily Morrison），是她们鼓励我和公众分享我的故事。还要感谢埃米莉在写作和编辑方面的见解。感谢健康访问网络公司（Health Access Network）

的同事对我写作的支持。

还要感谢我的丈夫斯蒂芬·黑斯蒂（Stephen Hasty），他是我认识的人中最有耐心的，感谢他帮助我让这本书的出版成为现实。最后我要感谢我的父母理查德·亨特（Richard Hunt）和辛迪·亨特（Cindy Hunt）、我的姐姐金伯莉·豪斯（Kimberly House），以及所有激励我想要变得更好的榜样。

著作权合同登记号：图字 01-2019-7011 号

图书在版编目 (CIP) 数据

反脆弱：内心强大者的高情商法则 /（美）埃米·莫林著；张其帷译 .—北京：中国法制出版社，2020.7

书名原文：13 Things Mentally Strong People Don't Do

ISBN 978-7-5216-1121-2

Ⅰ .①反…　Ⅱ .①埃… ②张…　Ⅲ .①心理学—通俗读物　Ⅳ .① B84-49

中国版本图书馆 CIP 数据核字（2020）第 087907 号

责任编辑：陈晓冉（chenxiaoran 2003@126.com）　　封面设计：李　宁

反脆弱：内心强大者的高情商法则

FAN CUIRUO: NEIXIN QIANGDAZHE DE GAO QINGSHANG FAZE

著者 /［美］埃米·莫林

译者 / 张其帷

经销 / 新华书店

印刷 / 三河市国英印务有限公司

开本 / 880 毫米 ×1230 毫米　32 开　　印张 / 8　字数 / 184 千

版次 / 2020 年 7 月第 1 版　　2020 年 7 月第 1 次印刷

中国法制出版社出版

书号 ISBN 978-7-5216-1121-2　　定价：42.80 元

北京西单横二条 2 号　邮政编码 100031　　传真：010-66031119

网址：http://www.zgfzs.com　　**编辑部电话：010-66071900**

市场营销部电话：010-66033393　　**邮购部电话：010-66033288**

（如有印装质量问题，请与本社印务部联系调换。电话：010-66032926）

本书被译成多种语言，畅销全球

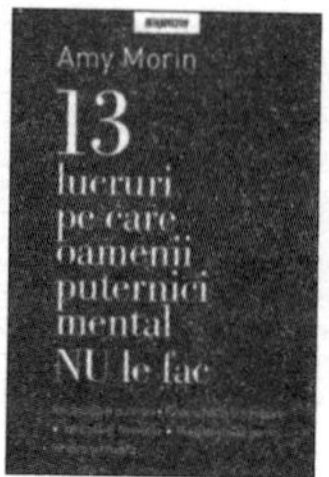

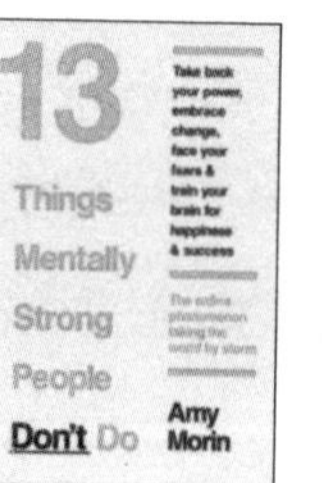

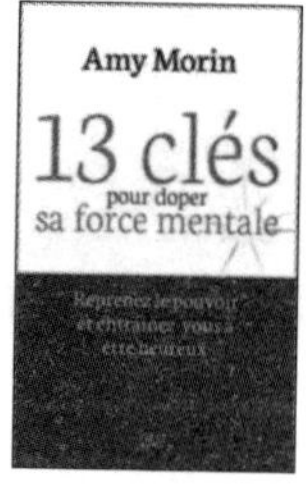

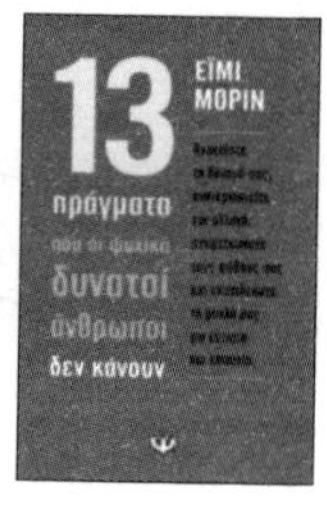

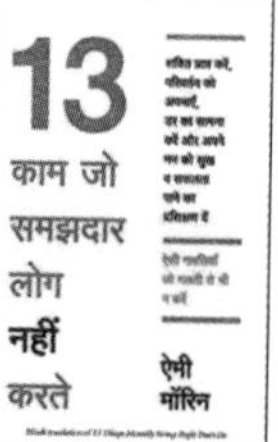

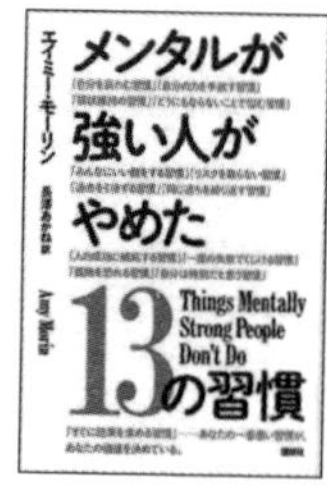

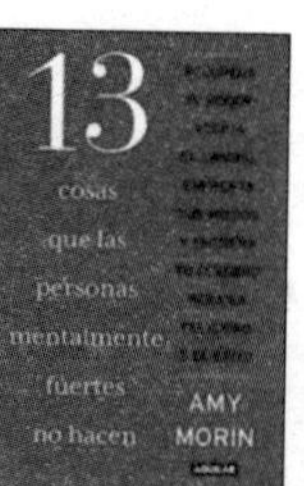

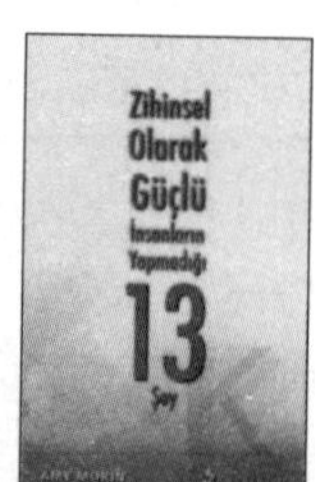

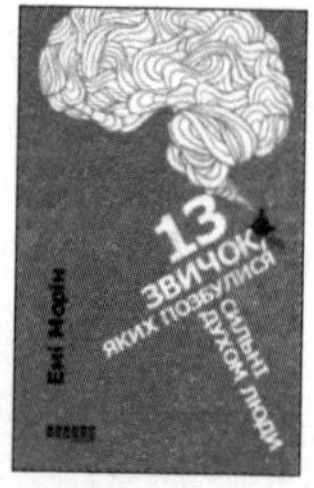